全国职业培训推荐教材
人力资源和社会保障部教材办公室评审通过
适合于职业技能短期培训使用

茶艺师基本技能

林素彬　主　编

中国劳动社会保障出版社

图书在版编目(CIP)数据

茶艺师基本技能/林素彬主编. —北京：中国劳动社会保障出版社，2013

职业技能短期培训教材

ISBN 978-7-5167-0887-3

Ⅰ.①茶… Ⅱ.①林… Ⅲ.①茶-文化-技术培训-教材 Ⅳ.①TS971

中国版本图书馆 CIP 数据核字(2014)第 005731 号

中国劳动社会保障出版社出版发行

(北京市惠新东街 1 号 邮政编码:100029)

出 版 人:张梦欣

*

郑州市运通印刷有限公司印刷装订 新华书店经销

850 毫米×1168 毫米 32 开本 4.125 印张 100 千字

2014 年 1 月第 1 版 2022 年 1 月第 16 次印刷

定价:10.00 元

读者服务部电话:(010) 64929211/84209101/64921644

营销中心电话:(010) 64962347

出版社网址:http://www.class.com.cn

前言

职业技能培训是提高劳动者知识与技能水平、增强劳动者就业能力的有效措施。职业技能短期培训，能够在短期内使受培训者掌握一门技能，达到上岗要求，顺利实现就业。

为了适应开展职业技能短期培训的需要，促进短期培训向规范化发展，提高培训质量，中国劳动社会保障出版社组织编写了职业技能短期培训系列教材，涉及二产和三产百余种职业（工种）。在组织编写教材的过程中，以相应职业（工种）的国家职业标准和岗位要求为依据，并力求使教材具有以下特点：

短。教材适合 15～30 天的短期培训，在较短的时间内，让受培训者掌握一种技能，从而实现就业。

薄。教材厚度薄，字数一般在 10 万字左右。教材中只讲述必要的知识和技能，不详细介绍有关的理论，避免多而全，强调有用和实用，从而将最有效的技能传授给受培训者。

易。内容通俗，图文并茂，容易学习和掌握。教材以技能操作和技能培养为主线，用图文相结合的方式，通过实例，一步步地介绍各项操作技能，便于学习、理解和对照操作。

这套教材适合于各级各类职业学校、职业培训机构在开展职业技能短期培训时使用。欢迎职业学校、培训机构和读者对教材中存在的不足之处提出宝贵意见和建议。

人力资源和社会保障部教材办公室

简介

本书首先对茶叶基本知识进行简要介绍，加强学员对茶叶基本知识的认知，在此基础上，对茶叶冲泡常用器具的使用、六大茶类的冲泡技艺以及花茶、花草茶及袋泡茶冲泡技艺等内容进行分析，使学员通过学习能快速上岗。

本书在编写过程中根据多年的教学经验，从当前茶艺师的基本岗位实际要求出发，针对不同层次及职业技能短期培训学员的特点，进一步精简理论，突出技能操作要求的特点，从而强化技能的实用性。采用图文相结合的方式，一步一步地介绍各项操作技能，便于学员学习、理解和对照操作。全书语言通俗易懂，适合于广大对茶艺有兴趣的学员，通过本书的学习，学员能够达到茶艺师岗位的工作要求，快速上岗。

本书由林素彬主编，李瑞章，林清兰，李达娜参与编写。

目录

第一单元　茶叶基础知识

我国是世界上最早发现和利用茶叶的国家，至今已有 4 000 多年的历史。茶如今已成为风靡世界的三大无酒精饮料（茶叶、咖啡、可可）之一。茶的品种、种类众多，冲泡、品饮的方式也不尽相同。

模块一　各大茶类简介

茶叶分为基本茶类和再加工茶类。基本茶类有六大类，即绿茶、红茶、乌龙茶、白茶、黄茶和黑茶；再加工茶类有花茶、紧压茶、萃取茶、果味茶、药用保健含茶饮料等。

一、绿茶（不发酵茶类）

1. 品质特征

绿茶的品质特征为：清汤绿叶，香气类似炒豆香或板栗香，滋味鲜醇。富含叶绿素、维生素 C，具有较强的收敛性；茶性较寒凉，适合夏季饮用。

2. 制作工序

制作工序为：杀青—揉捻—干燥。

小知识

杀青也称炒青，是通过高温破坏和钝化鲜叶中的氧化酶活性，抑制鲜叶中的茶多酚等的酶促氧化；蒸发鲜叶部分水分，使茶叶变软，便于揉捻成形；促进低沸点青草气挥发和芳香物质转化，形成茶香；通过湿热作用破坏部分叶绿素，使叶片黄绿。

揉捻是茶叶初制的塑型工序，通过揉捻形成其紧结弯曲的外形，使茶条卷紧，缩小体积，适当破坏叶组织，促进物质转变，增加茶汤浓厚度。

发酵：茶叶发酵的不同于酒的发酵，其实质是在茶叶受损伤后，茶叶内的多酚类、氨基酸等物质失去控制，与多酚氧化酶系充分接触，儿茶素产生氧化，聚合和缩合，形成一系列的有色物质，如茶黄素、茶红素，与此同时伴随着其他化合物的化学元素反应，使绿叶变红，综合形成了各茶类特有的色香味品质。根据初制加工过程发酵程度的轻重分为不发酵、轻（微）发酵、半发酵、全发酵；黑茶发酵在初制后进行，称为后发酵茶。

干燥是茶叶初制加工的最后的一个步骤，是利用高温来抑止茶叶继续发酵，以固定茶叶的品质。

3. 分类

（1）按外形可分为：扁形、圆形或螺形、紧直形、卷曲形、花形、雀舌形、针形、片形等。

（2）按杀青方式可分为：炒青与蒸青。

1）炒青绿茶按干燥方法的不同又可分为：特种炒青、晒青、烘青。

炒青绿茶在干燥过程中受到机械或手工作用力不同而呈现出不同形状，故又分为长炒青（长条形）、圆炒青（圆珠形）、扁炒青（扇平形）等。炒青绿茶中有特种炒青绿茶，其制茶方法与其他炒青绿茶不同。为了保持其叶形完整，最后工序常进行烘干。

如洞庭碧螺春、南京雨花茶、金奖惠明、高桥银峰、安化松针、信阳毛尖、庐山云雾等。

烘青绿茶是用烘笼进行烘干，香气一般不及特种炒青，大部分经再加工精制后作为熏制花茶的茶坯，少数品质特优，特种烘青名茶主要有黄山毛峰、太平猴魁、六安瓜片、南糯白毫等。

晒青绿茶是用日光进行晒干，主要分布在湖南、湖北、广东、广西、四川、云南、贵州等省。晒青绿茶以云南大叶种做的“滇青”品质最好。

2）蒸青绿茶以蒸汽杀青。我国蒸青绿茶主要有产于湖北恩施的“恩施玉露”，产于浙江、福建和安徽三省的“中国煎茶”。

4. *名品绿茶介绍*

◆西湖龙井，属于炒青绿茶，是我国十大名茶之一，产于龙井、狮峰山、梅家坞、五云山、云栖、虎跑、灵隐等地，狮峰所产的品质最佳。西湖龙井分为狮、龙、云、虎、梅五个品类，以“色翠、香郁、味醇、形美”四绝而著称，即色泽鲜绿，香气芬芳具炒豆香，滋味醇甘，外形扁平、光洁、秀美。

◆碧螺春，属于炒青绿茶，是我国十大名茶之一，产于江苏省苏州市太湖洞庭山。碧螺春茶具有特殊的花朵香味，其外形为条索紧结，卷曲成螺，边缘上有一层均匀的细白绒毛。

◆六安瓜片，是我国十大名茶之一，简称瓜片，又称片茶，产自安徽省六安。六安瓜片为绿茶特种茶类，采自当地特有品种，经扳片、剔去嫩芽及茶梗，通过独特的传统加工工艺制成的形似瓜子的片形茶叶。

◆黄山毛峰，烘青名优绿茶，是我国十大名茶之一，产于安徽省黄山。每年清明谷雨，选摘初展肥壮嫩芽，手工炒制，该茶外形微卷，状似雀舌，绿中泛黄，银毫显露，且带有金黄色鱼叶（俗称黄金片）。入杯冲泡雾气结顶，汤色清碧微黄，叶底黄绿有活力，滋味醇甘，香气如兰。由于新制茶叶白毫披身，芽尖峰芒，且鲜叶采自黄山高峰，遂将该茶取名为黄山毛峰。

◆恩施玉露，蒸青绿茶，产于湖北省恩施市南部的芭蕉乡及东郊五峰山。是我国保留下来的为数不多的一种蒸青绿茶。恩施玉露曾被称为“玉绿”，因其外形条索紧圆光滑，色泽苍翠绿润，毫白如玉，圆直，外形白毫显露，色泽苍翠润绿，形如松针，汤色清澈明亮，香气清鲜爽口，滋味醇爽，叶底嫩绿匀整，故改名“玉露”。

◆安吉白茶，为浙江名茶的后起之秀。安吉白茶是用绿茶加工工艺制成，属绿茶类，之所以称为白茶，是因为它的加工原料是采自一种嫩叶全为白色的茶树。茶叶经冲泡后，其叶底也呈现玉白色，这是安吉白茶特有的性状。安吉白茶（白叶茶）是一种珍罕的变异茶种。不同季节呈现不同颜色：春季嫩芽为白色；在谷雨前，色渐淡呈玉白色；雨后至夏至前转为白绿相间的花叶，夏至芽叶恢复为全绿，与一般绿茶无异。

二、红茶（全发酵茶类）

1. 品质特征

红茶的品质特征为：红汤红叶，香气包括薯类香、焦糖香、甜香、花香等，滋味醇厚。全发酵，不含叶绿素、维生素C，富含茶黄素、茶红素。性质温和，适合冬天饮用。

2. 制作工序

制作工序为：萎凋—揉捻—发酵—干燥。

3. 分类

红茶可分为小种红茶、工夫红茶和红碎茶三类。

中国红茶最早出现的是福建崇安一带的小种红茶，以后发展演变产生了工夫红茶。工夫红茶的制法传至印度、斯里兰卡等国，后来发展产生了红碎茶。我国1957年以后也逐渐推广红碎茶的生产。

（1）小种红茶是福建省特有的一种红茶，红汤红叶，有松烟香，味似桂圆汤。产于福建崇安星村乡桐木关的称正山小种，品质最好，被称为红茶的鼻祖。其他地方的小种红茶叫烟小种。

（2）工夫红茶也是我国传统的出口茶类，远销东欧、西欧等60多个国家和地区，主产于安徽、福建、湖北、湖南、江西等10多个省、区。安徽的“祁红”、云南凤庆、勐海的“滇红”、福建的“闽红”、湖北的“宜红”、江西的“宁红”、湖南的“湘红”、广东的“粤红”等都是中国工夫红茶的主要品类。

（3）红碎茶是揉切成颗粒形碎片后发酵干燥而制成的红茶，外形细碎，也称红细茶。红碎茶冲泡后茶叶浸出快，一次冲泡浸出量大，很适合做袋泡茶原料，加糖加奶饮用，十分可口。我国红碎茶主产于云南、海南、广东、广西等省区。

小知识

闽红三大工夫：白琳工夫、坦洋工夫、政和工夫。

世界三大高香红茶：祁门红茶、印度大吉岭红茶、斯里兰卡乌伐茶。

4. 名品红茶介绍

◆正山小种红茶，是世界红茶的鼻祖，又称拉普山小种。茶叶是用松柴片熏制而成，有特殊香味，茶叶呈黑色，茶汤深红色，俗称“桂圆汤”“松烟香”。

◆金骏眉是武夷山正山小种的一个分支，目前是我国高端顶级红茶的代表。首创于2005年，以武夷山国家级自然保护区内海拔1 200～1 800米高山的原生态野茶树茶芽尖，结合正山小种传统工艺，全程手工制作而成。由6万～8万颗芽尖方能制成一斤金骏眉，是红茶中的珍品。其外形黑黄相间，乌黑之中透着金黄，显毫香高。银骏眉，采用一芽一叶制成，铜骏眉（也称小赤甘）采用一芽二三叶制成。

◆祁门红茶，是我国历史名茶之一，是著名的红茶精品，简称祁红。祁门红茶产于安徽省祁门、东至、贵池、石台、黟县，以及江西的浮梁一带。祁门红茶是英国女王和王室的至爱饮品，高香美誉，香名远播，美称“群芳最”“红茶皇后”。祁红外形条索紧细匀整，峰苗秀丽，色泽乌润（俗称“宝光”）；内质清芳并带有蜜糖香味，上品茶更蕴含着兰花香（号称“祁门香”）；汤色红艳明亮，滋味甘鲜醇厚，叶底（泡过的茶渣）红亮。祁红最适清饮，也可添加鲜奶。

◆云南滇红，是我国工夫红茶之一，主产于云南澜沧江沿岸的临沧、保山、思茅、西双版纳、德宏、红河 6 个地州的 20 多个县。滇红工夫茶属大叶种类型的工夫茶，外形肥硕紧实，叶身金毫显露，香气浓郁，汤色红艳，滋味浓醇，为工夫茶上品。

三、乌龙茶（半发酵茶）

1. 品质特征

乌龙茶也称青茶，是我国的特种茶，主产于福建、台湾、广东等地。乌龙茶外形肥壮、紧结、沉重，内质带天然花果香，滋味醇厚回甘，汤色金黄或橙黄、清澈明亮，叶底绿叶镶红边。

乌龙茶是半发酵茶，清香型，含叶绿素、维生素 C、少量茶碱、咖啡碱。性质温凉，适合各季饮用。

2. 制作工序

制作工序为：晒青—做青—杀青—造型—烘干

小知识

做青是乌龙茶制作的第二道工序，也是关键的一道工序，是形成香气具天然花果香，滋味醇厚回甘及叶底绿叶镶红边的过程。做青即将摇青和凉青很好地结合，先摇青后凉青，如此反复多次。

3. 分类

乌龙茶按其生态环境、茶树品种、制法和品种特点的不同，可分为闽南乌龙茶（铁观音）、闽北乌龙茶（大红袍）、广东乌龙茶（凤凰单枞）、台湾乌龙茶（冻顶乌龙）。

按其不同外形可分为：条形（凤凰单枞、东方美人、文山包种）、卷曲形（铁观音）、半球形（冻顶乌龙）、球形、块状（漳平水仙）等。

4. 名品乌龙茶介绍

（1）闽南乌龙茶主要产于福建南部安溪、永春、漳州、诏安等地。茶鲜叶经晒青、（晾青）、做青、杀青、（揉捻）、（毛火）、包揉、干燥制成。带天然花果香，滋味鲜醇回甘，发酵程度较闽北乌龙茶轻。

闽南乌龙茶代表产品有安溪的铁观音、本山、黄金桂（黄旦）；漳平水仙；平和的白芽奇兰、永春的佛手、诏安的八仙茶等。安溪有四大当家品种，即铁观音、本山、黄金桂、毛蟹，还有大叶乌龙、梅占、奇兰等很多名茶。安溪周边地区也大量种植和生产铁观音，如南安、永春、漳州华安、三明大田等。近几年来，市场上还逐渐流行起浓香型的铁观音。

铁观音原产于福建省泉州市安溪县，发现于1725—1736年间，是我国十大名茶之一，是乌龙茶中的极品。铁观音茶树有“好喝不好栽”的说法，纯种铁观音植株为灌木型，树势披展，枝条斜生，叶片水平状着生。铁观音叶形椭圆，叶缘齿疏而钝，叶面呈波浪状隆起，具明显肋骨形，略向背面反卷，叶肉肥厚，叶色浓绿光润，叶基部稍钝，叶尖端稍凹，向左稍歪，略微下垂，嫩芽紫红色，因此有“红芽歪尾桃”之称，这是纯种的特征之一。铁观音成茶外形紧结重实，色泽砂绿油润，香气呈天然馥郁的兰花香，汤色金黄明亮，滋味醇厚甘鲜，回甘悠久，具有明显的“音韵”。铁观音茶香高而持久，可谓“七泡有余香”。

（2）闽北乌龙茶做青时发酵程度较重，揉捻时无包揉工序，因而条索壮结弯曲，干茶色泽较乌润，香气为熟香型，汤色橙黄明亮。闽北乌龙茶产地包括崇安（除武夷山外）、建瓯、建阳、水吉等地，以产自武夷山的岩茶为最佳，如大红袍、水仙、肉桂。武夷岩茶外形条索弯曲，呈鲜明的绿褐色，俗称为“宝色”，汤色一般呈深橙黄，内质具有“岩骨花香”。武夷岩茶四大名枞为大红袍、水金龟、白鸡冠、铁罗汉。

闽北水仙茶，是闽北乌龙茶中两大花色品种之一，品质别具一格，水仙茶质美而味厚，果奇香为诸茶冠。水仙茶成茶条索壮结沉重，叶端扭曲，色泽绿褐间蜜黄润，香气浓郁，具兰花清香，滋味醇厚鲜爽、回甘，汤色清澈橙黄，叶底厚软黄亮，叶缘朱砂红边或红点，即“三红七青”。

武夷肉桂，亦称玉桂，由于它的香气滋味与桂皮香相似，所以在习惯上称其为“肉桂”。肉桂茶外形条索匀整卷曲，色泽褐禄，油润有光；干茶嗅之有甜香，冲泡后之茶汤特具奶油、花果、桂皮般的香气；入口醇厚回甘，咽后齿颊留香，茶汤橙黄清澈，叶底匀亮，呈淡绿底红镶边，冲泡六七次仍有“岩韵”的肉桂香。

大红袍，是闽北乌龙茶的代表，“岩韵”极显，滋味醇厚回甘。现存的大红袍母树有6株，在武夷山景区已受特殊保护。

（3）广东乌龙茶产于汕头地区的潮安、饶平，丰顺、蕉岭、平远、揭东、揭西、普宁、澄海、梅县地区的大浦，惠阳地区的东莞。主要产品有凤凰水仙、凤凰单枞、岭头单枞、饶平色种、石古坪乌龙、大叶奇兰、兴宁奇兰等，以潮安的凤凰单枞和饶平的岭头单枞最为著名。广东乌龙茶具有天然的花香，卷曲紧结而肥壮的条索，色润泽青褐而牵红线，汤色黄艳带绿，滋味鲜爽浓郁甘醇，叶底绿叶镶红边，耐冲泡。凤凰水仙根据原料优次、制作工艺的不同和品质，可以分为单枞、浪菜和水仙三个品级；按产地又可分为凤凰单枞和岭头单枞。

凤凰单枞以香高、味浓、耐泡著称，具有独特的“山韵蜜味”，汤色清澈似茶油，味浓香醇，而且有自然花香，如有黄枝香、芝兰香、肉桂香、杏仁香、蜜兰香等十多种香型。

小知识

水仙品种，适制乌龙茶。但因水仙产地不同，命名也有不同。闽北产区用福建水仙种，按闽北乌龙茶采制技术制成的条形乌龙茶，称闽北水仙。闽北所种的水仙种，约在光绪年间传入，其成茶称水仙或闽北水仙。闽南永春产地以福建水仙种，按闽南乌龙茶采制而成的闽南水仙。广东饶平、潮安用原于产潮安凤凰的凤凰水仙种，制成的条形乌龙茶称凤凰水仙。凤凰水仙种是有性群体品种之一，选用优良单株栽培、采制者，又称凤凰单枞。

（4）台湾乌龙茶具有天然熟果香，芬芳宜人。台湾的乌龙茶主要有台湾红乌龙和台湾包种茶两种。台湾包种茶与台湾红乌龙相反，是乌龙茶中发酵程度最轻的茶。

包种茶是台湾的特产，全世界只有中国台湾产此茶，包种茶是目前台湾生产的乌龙茶类中数量最多的一类。包种茶主要代表有条形的文山包种和半球型的冻顶乌龙。冻顶乌龙清中带甜，被誉为台湾茶中之圣，产于台湾省南投鹿谷乡，品质优异，在台湾茶市场上居于领先地位。其上选品外观色泽呈墨绿鲜艳，并带有青蛙皮般的灰白点，条索紧结弯曲，干茶具有强烈的芳香；冲泡后，汤色略呈柳橙黄色，有明显清香，近似桂花香，汤味醇厚甘润，喉韵回甘强；叶底边缘有红边，叶中部呈淡绿色。

小知识

最早的包种茶是福建安溪茶人王义程创制，他将茶用两张毛边纸包装成四方包出售，因此得名。

台湾红乌龙是乌龙茶类中发酵程度最重的一种，也是与红茶最相近的一种。优质的台湾红乌龙茶芽肥壮，白毫显露，茶条较短，含红黄白三色，茶色绚丽，汤色橙红色，叶底淡褐有红边，叶片完整，芽叶连枝。在国际市场上，台湾红乌龙又名“白毫乌龙”，被誉为“香槟乌龙”或“东方美人”。

四、白茶（微发酵茶）

1. 品质特征

白茶芽毫完整，满身披毫，毫香清鲜，汤色黄绿清澈，滋味清淡回甘。白茶性质寒凉，有退热祛暑作用。

2. 制作工序

制作工序为：萎凋—干燥

基本工艺包括萎凋、干燥（或阴干）、拣剔、复火等工序。萎凋是形成白茶品质的关键工序。

3. 分类

白茶属轻微发酵茶，是我国茶类中的特殊珍品。白茶为福建特产，主要产区在福鼎、政和、松溪、建阳等地。

按茶树品种、原料（鲜叶）采摘的标准不同，分为芽茶（如白毫银针）和叶茶（如白牡丹、新白茶、贡眉、寿眉）。

按不同茶树品种分：采自大白茶茶树的品种称为“大白”，采自水仙茶树的称为“水仙白”，采自菜茶茶树的称为“小白”。

采摘大白茶树的肥芽制成的白茶称为“白毫银针”，采摘大白茶树或水仙种的短小芽叶新梢的一芽一二叶制成的称为“白牡丹”，采自菜茶（福建茶区对一般灌木茶树之别称）品种的短小芽片和大白茶片叶制成的白茶，称为“贡茶”和“眉茶”。贡茶的品质优于眉茶。

4. 名品白茶介绍

◆白毫银针，简称银针，又叫白毫，素有茶中“美女”“茶王”之美称。由于鲜叶原料全部是茶芽，白毫银针制成成品茶后，形状似针，白毫密被，色白如银，因此命名为白毫银针。干茶外表密披白色茸毛，汤色杏黄，味清鲜爽口、甘醇，香气弱。

白毫银针因产地和茶树品种不同，又分北路银针和南路银针两个品目。北路银针产于福建福鼎，茶树品种为福鼎大白茶（又名福鼎白毫）。其外形优美，芽头壮实，毫毛厚密，富有光泽，汤色碧清，呈杏黄色，香气清淡，滋味醇和。南路银针产于福建政和，茶树品种为政和大白茶。其外形粗壮，芽长，毫毛略薄，光泽不如北路银针，但香气清鲜，滋味浓厚。

◆白牡丹因其绿叶夹银白色毫心，形似花朵，冲泡后绿叶托着嫩芽，宛如蓓蕾初放，故得此美名。

五、黄茶（微发酵茶）

1. 黄茶品质特征

黄茶芽叶细嫩，显毫，黄叶黄汤，香气清纯，滋味甜爽、鲜醇。黄茶的基本制作工艺近似绿茶，属凉性，接近绿茶。

2. 制作工序

制作工序为：杀青—揉捻—闷黄—干燥

其关键工序是闷黄。

黄茶制作工艺精细划分可分为杀青、摊凉、初烘、复摊凉、初包、复烘、再摊放、再包、干燥、分级等十道工序。

3. 分类

黄茶黄色是制茶过程中进行闷堆渥黄的结果。黄茶的基本制作工艺近似绿茶，但在制茶过程中加以闷黄，因此具有黄汤黄叶的特点。黄茶有的揉前堆积闷黄，有的揉后堆积或久摊闷黄，有的初烘后堆积闷黄，有的再烘时闷黄。

黄茶按原料芽叶的嫩度和大小可分为黄芽茶、黄小茶和黄大茶三类。由于品种的不同，在茶片选择、加工工艺上有相当大的区别。

黄芽茶原料细嫩，采摘单芽或一芽一叶加工而成，主要包括湖南省岳阳洞庭湖君山的君山银针，四川雅安、名山县的蒙顶黄芽和安徽霍山的霍山黄芽。

黄小茶采摘细嫩芽叶加工而成，主要包括湖南岳阳的北港毛尖，湖南宁乡的沩山毛尖，湖北远安的远安鹿苑和浙江温州、平阳一带的平阳黄汤。

黄大茶采摘一芽二三叶甚至一芽四五叶为原料制作而成，主要包括安徽霍山的霍山黄大茶和广东韶关、肇庆、湛江等地的广东大叶青。

4. 名品黄茶介绍

◆君山银针，是我国著名黄茶之一，原产于湖南省岳阳洞庭湖君山，始于唐代，清代纳入贡茶。君山银针茶于清明前三四天开采，以春茶首轮嫩芽制作，且须选肥壮、多毫、长25～30毫米的嫩芽，经拣选后，以大小匀齐的壮芽制作银针。加工后的君山银针茶外表披毛，色泽金黄光亮，香气清高，味醇甘爽，汤色橙黄，芽壮多毫，条直匀齐，着淡黄色茸毫。

◆蒙顶黄芽是黄茶的一种，产于四川名山县蒙顶茶场。外形微扁而直，芽整齐肥壮，色泽褐黄，汤色黄明，甜熟香，滋味甘醇，叶底显芽，色泽嫩黄。

◆霍山黄芽。产于安徽霍山县大化坪金字山、金竹坪等地。外形细嫩多毫，形似雀舌，色泽黄绿，汤色嫩黄，甜熟香，滋味醇和，叶底嫩黄。

六、黑茶（后发酵茶）

1. 品质特征

黑茶呈黑褐色，汤色橙黄或褐色明亮，具陈香，滋味醇厚回甘。性质温和，偏凉，耐泡耐煮。

2. 制作工序

制作工序为：杀青—揉捻—渥堆—干燥。这是大部分黑茶的普通加工程序，其关键工序是渥堆。具体到每种黑茶，其制作工序有些会有所不同。

普洱散茶的制作过程中一般分为以下几个步骤：鲜叶采摘、萎凋、杀青、揉捻、解块、晒青、分级、渥堆、灭菌、拼配。

3. 分类

黑茶按照产区的不同和工艺上的差别，可以分为湖南黑茶、湖北老青茶、四川边茶、滇桂黑茶（广西六堡散茶、云南普洱茶）等。

4. 名品黑茶介绍

◆湖南黑茶，主要集中在安化生产，此外，益阳、桃江、宁乡、汉寿、沅江等县也生产一定数量。湖南黑茶是采摘下来的鲜叶，经过杀青、初揉、渥堆、复揉、干燥等工序制作而成。湖南黑茶条索卷折成泥鳅状，色泽油黑，汤色橙黄，叶底黄褐，香味醇厚，具有松烟香。黑毛茶经蒸压装篓后称天尖，蒸压成砖形的是黑砖、花砖或茯砖等。

◆湖北老青茶，产于蒲圻、咸宁、通山、崇阳、通城等县，采割的茶叶较粗老，含有较多的茶梗，经杀青、揉捻、初晒、复炒、复揉、渥堆、晒干等工序而制成。以老青茶为原料，蒸压成砖形的成品称老青砖，主销内蒙古自治区。

◆四川边茶，分南路边茶和西路边茶两类。四川雅安、天全、荥经等地生产的南路边茶，压制成紧压茶——康砖、金尖后，主销西藏，也销往青海和四川甘孜藏族自治州。四川灌县、崇庆、大邑等地生产的西路边茶，蒸后压装入篾包制成方包茶或圆包茶，主销四川阿坝藏族自治州及青海、甘肃、新疆等省（区）。南路边茶制法是用割刀采割来的枝叶杀青后，经过多次的扎堆、蒸馏后晒干。西路边茶制法简单，将采割来的枝叶直接晒干即可。

◆滇桂黑茶、云南黑茶是用滇晒青毛茶经洒水、渥堆、发酵后干燥而制成，统称普洱茶。这种普洱散茶条索肥壮，汤色橙黄，香味醇浓，带有特殊的陈香，可直接饮用。以这种普洱散茶为原料，可蒸压成不同形状的紧压茶——饼茶、紧茶、圆茶（即七子饼茶）。

◆广西黑茶最著名的是六堡茶，因产于广西苍梧县六堡乡而得名，已有二百多年的历史。现在除苍梧外，贺县、横县、岑溪、玉林、昭平、临桂、兴安等县也有一定数量的生产。六堡茶制造工艺流程是杀青、揉捻、沤堆、复揉、干燥，制成毛茶后再加工时仍需潮水渥堆，蒸压装篓，堆放陈化，最后使六堡茶汤味形成红、浓、醇、陈的特点。

七、再加工茶类

再加工茶包括花茶、紧压茶、萃取茶、果味茶、药用保健含茶饮料。下面重点介绍几款再加工茶类。

1. 茉莉花茶

茉莉花茶是将茶叶和茉莉鲜花进行拼和、窨制，使茶叶吸收花香而制成，茶香与茉莉花香交互融合。茉莉花茶使用的茶叶称茶胚，多数以绿茶为多，少数也有红茶和乌龙茶。

茉莉花茶根据形状的不同，如珍珠状的，著名的有产自福建的龙团珠茉莉花茶，针状的有著名品种银针茉莉花茶。

优质的茉莉花茶具有干茶外形，条索紧细匀整，色泽黑褐油润，冲泡后香气鲜灵持久，汤色黄绿明亮，叶底嫩匀柔软，滋味醇厚鲜爽的特点。

2. 工艺花茶

工艺花茶又称艺术茶、特种工艺茶，是指以茶叶和可食用花卉为原料，经整形、捆扎等工艺制成外观造型各异，冲泡时，可在水中开放出不同形态的造型花茶。

根据产品冲泡时的动态艺术感，分为三类。

（1）绽放型工艺花茶，冲泡时茶中内饰花卉缓慢绽放的工艺花茶。

（2）跃动型工艺花茶，冲泡时茶中内饰花卉有明显跃动升起的工艺花茶。

（3）飘絮型工艺花茶，冲泡时有细小花絮从茶中飘起再缓慢下落的工艺花茶。

3. 花草茶

花草茶传自欧洲，特指那些不含茶叶成分的香草类饮品，所以花草茶其实不含茶叶的成分。花草茶是将植物的根、茎、叶、花或皮等部分加以煎煮或冲泡，而产生芳香味道的草本饮料。

小知识

花草茶口感清爽或清甜，具有一定的保健功效，大部分是用在美容护肤、美体瘦身、保健养生的功用等方面（如清肝、明目、降火、养颜、瘦身等）。

4. 袋泡茶

袋泡茶是在原有茶类基础上，经过拼配、粉碎，用滤纸包装而成。袋泡茶冲泡方便，能使茶叶充分接触开水，茶叶风味能充分、快速地渗透到开水中从而冲泡出浓香的热茶。

5. 紧压茶

紧压茶，是以黑毛茶、老青茶及其他适合制毛茶为原料，经过渥堆、蒸、压等典型工艺过程加工而成的砖形或其他形状的茶叶。砖状或块状，为了防止途中变质，一般紧压茶都是用红茶或黑茶制作。紧压茶的多数品种比较粗老，干茶色泽黑褐，汤色澄黄或澄红。在少数民族地区非常流行。紧压茶有防潮性能好，便于运输和储藏，茶味醇厚，适合减肥等特点（具体参见黑茶）。

紧压茶一般都是销往蒙藏地区，这些地区牧民多肉食，日常需大量消耗茶，但是居无定所，因此青睐容易携带的紧压茶。

模块二　茶叶品饮历史及不同地区的饮茶习俗

一、我国饮茶历史

中国饮茶历史最早，陆羽《茶经》云："茶之为饮，发乎神农氏，闻于鲁周公"。早在神农时期，茶及其药用价值已被发现，并由药用逐渐演变成日常生活饮料。我国不同时期饮茶的目的与方式见表1—1。

表1—1　　我国不同时期饮茶的目的与方式

时期	目的	方式	茶叶	备注
春秋以前	药用	生嚼、煎服	鲜叶	解毒
	食用	以茶当菜，煮作羹饮	鲜叶	增加营养，食物解毒
秦汉时期	饮用	加上葱、姜和橘子调味	饼状茶团（晒干或烘干）	解毒药品、待客食品
隋唐时期	饮用 论茶专著，陆羽《茶经》出现	使用专门烹茶器具，加调味品烹煮汤饮（为改善茶叶苦涩味，开始加入薄荷、盐、红枣）	饼茶、贡茶出现	对茶、水质、烹煮方式、饮茶环境越来越讲究，逐渐形成了茶道
宋朝	煎煮饮用	碾碎后以煎煮为主，工序逐渐简化	团茶、饼茶向散茶发展 出现蒸青散茶	逐渐重视茶叶原有的色、香、味，调味品逐渐减少
明代	冲泡饮用	逐渐向以冲泡为主发展	制茶工艺革新，以散茶为主	细品缓啜

续表

时期	目的	方式	茶叶	备注
明清以后	冲泡饮用	品茶方法日臻完善而讲究，品饮方式也随茶类、风俗而变化	六大茶类齐全	两广喜好红茶，福建多饮乌龙茶等，江浙则好绿茶，北方人喜花茶或绿茶，边疆少数民族多用黑茶、茶砖

二、我国各民族饮茶习俗

中国饮茶历史最早，所以最懂得饮茶真趣。客来敬茶、以茶代酒、用茶示礼，历来是我国各民族的饮茶之道。“千里不同风，百里不同俗”，我国是一个多民族的国家，由于所处地理环境和历史文化的不同，以及生活风俗的各异，使每个民族的饮茶风俗也各不相同。在生活中，即使是同一民族，在不同地域，饮茶习俗也各有千秋。不过把饮茶看作是健身的饮料、纯洁的化身、友谊的桥梁、团结的纽带，在这一点上又是共同的。下面，将介绍一些不同民族有代表性的饮茶习俗，见表1—2。

表1—2　不同民族饮茶习俗

民族和地区		饮茶名称	饮茶习俗
汉族	东北及老北京	大碗茶	风靡于解放时期的老北京，茶有两种，一种是煎茶，即把茶叶投入开水直接煎熬；还有一种是用大碗盛有煮好的茶，盖上玻璃，等过路口渴的行人
	潮汕及闽南	工夫茶	详见第三单元模块一的内容
	四川（巴蜀地区）	盖碗茶	续水要及时，为客人添水三次，要询问客人是否换茶
	广东	吃早茶“一盅两件”	广州人早晨上工前、工余后，朋友聚议，总爱去茶楼，泡上一壶茶，要上两件点心，讲究享受与品位

续表

民族和地区		饮茶名称	饮茶习俗
少数民族	蒙古族	咸奶茶	当宾客将手平伸，在杯口上盖一下，这寓意客人不再喝茶
	回族	罐罐茶	罐子里面放些冰糖、红枣、枸杞、桂圆和茶，然后放在火炉上烤茶，边烤火边聊天、边喝茶
	藏族	酥油茶	不想多喝时就停下，但最后一定要喝干净
	维吾尔族	香茶	当着客人的面冲洗杯，以示清洁，双手奉茶
	苗族	八宝油茶	将玉米（煮后晾干）、黄豆、花生米、团散（一种米面薄饼）、豆腐干丁、粉条等分别用茶油炸好，分装入碗待用
	侗族	打油茶	亦称“吃豆茶”。用油炸糯米花、炒花生或浸泡的黄豆、玉米、炒米和新茶配制成
	白族	三道茶	以其独特的“头苦、二甜、三回味”的茶道待客交友，寓意“先苦后甜”
	土家族	擂茶	由土家五谷杂粮，即大米、生姜、芝麻、大豆、花生、玉米等辅以茶叶为原料在特制的擂钵中擂制而成，具有营养丰富、健康养身和健胃养颜等诸多功能
	哈尼族	土锅茶	先用土锅（或瓦壶）烧水，在沸水中参加过量茶叶，待锅中茶水再次煮沸 3 分钟后，将茶水倾入用竹制的茶盅内，逐个敬奉给客人
	哈萨克族	奶茶	煮奶时，先将茯砖茶打碎成小块状。同时，盛半锅或半壶水加热沸腾，随后抓一把碎砖茶入内，待煮沸 5 分钟左右，加入牛（羊）奶，用量约为茶汤的五分之一。再投入适量盐巴，重新煮沸 5～6 分钟即成。一日早、中、晚三次喝奶茶

续表

民族和地区		饮茶名称	饮茶习俗
少数民族	傣族	竹筒茶	先用晾干的春茶放入刚砍回的香竹筒内，放在火塘的三脚架上烘烤，边装、边烤、边舂，直至竹筒内茶叶填满舂紧为止。待茶烤干后，剖开竹筒叶，掰少量茶叶放入碗中，冲入沸水约5分钟即可饮用。既有竹子的清香，又有茶叶的芳香，十分可口
	傈族	油盐茶	茶汤制造过程中，加入了食油和盐，所以，喝起来“香馥馥，油滋滋，咸兮兮，既有茶的浓醇，又有糖的回味”
	佤族	苦茶	茶是通过铁扳烤，茶壶煮，喝起来焦中带香，苦中带涩，故而谓之苦茶
	拉祜族	烤茶	将一芽五六叶的新梢采下后直接在明火上烘烤至焦黄，再放入茶罐中煮饮
	纳西族	龙虎斗和盐茶	小陶罐，放上适量茶，连罐带茶烘烤，为免使茶叶烤焦，还要不断转动陶罐，使茶叶受热均匀。加水煮后，将茶汤冲入装有白酒的茶盅。“啪啪”的响声，越响，在场者就越高兴。“龙虎斗”还是治感冒的良药
	景颇族	腌茶	鲜叶洗净，沥去鲜叶表面的附着水，先用竹篇将鲜叶摊晾，失去少许水分，而后稍加搓揉，再加上辣椒、食盐适量拌匀，放入罐或竹筒内，层层用木棒舂紧，将罐（筒）口盖紧，或用竹叶塞紧。静置2～3个月，至茶叶色泽开始转黄，就算将茶腌好。随食随取。腌茶其实就是一道茶菜
	布朗族	青竹茶	布朗族用新鲜香竹，一尺多长的作煮茶，寸长的作饮茶的杯子。首先将装泉水的长竹筒在火堆旁烧烤至筒内水开后，将茶放入竹筒，5分钟后将茶水倒入茶杯内饮用

续表

民族和地区		饮茶名称	饮茶习俗
少数民族	撒拉族	“三炮台”碗子茶	“三炮台”碗子茶，其实是指下有底座（碗托）、中有茶碗、上有碗盖的三件一套的盖碗，因形如炮台，故称“三炮台”碗。一般是晒青绿茶加上配料
	基诺族	凉拌茶和煮茶	保留了先民将茶“熟吃当菜”的习俗
	布依族	姑娘茶	清明节前，姑娘们就上茶山去采茶树枝上刚冒出来的嫩尖叶，采回来的通过热炒，使之保持一定的温度后，就把一片一片的茶叶叠整成圆锥体，然后拿出去晒干，再经过一定的技术处理后，就制成一卷一卷圆锥体的“姑娘茶”了，意思是用纯真精致的名茶来象征姑娘的贞操和纯洁的爱情

模块三　茶叶鉴别与保存方法

一、茶叶品质鉴别

确定茶叶品质的高低，一般分为干评外形和湿评内质，共八项因子，根据这些项目逐一进行品质鉴别。外形包括：条索（嫩度）、色泽、整碎、净度；内质包括：香气、汤色、滋味、叶底。

1. 外形鉴别

（1）嫩度。嫩度是外形鉴别因素的重点，一般嫩度好的茶叶，应符合该茶类规格的外形要求，条索紧结重实，芽毫显露，完整饱满。

（2）条索。条索是各类茶具有的一定外形规格，是区别商品茶种和等级的依据。如炒青条形、珠茶圆形、龙井扁形、红碎茶颗粒形，以及各种名茶都有其一定的外形特点。一般长条形茶主要鉴别其条索的松紧、弯直、壮瘦、圆扁、轻重，圆形茶主要鉴别其颗粒的松紧、匀正、轻重、空实；扁形茶主要鉴别其条索是否符合规格，及其平整光滑程度等。

（3）色泽。色泽是指茶叶表面的颜色、色的深浅程度，以及光线在茶叶表面的反射光亮度。各种茶叶均有其一定的色泽要求，如红茶乌黑油润、绿茶翠绿、乌龙茶为青褐色、黑茶为黑油色等。

（4）整碎。整碎是指鉴别茶叶的匀整程度，好的茶叶要保持茶叶的自然形态，精制茶要鉴别筛选分档是否匀称，面张是否平伏。

（5）净度。净度是指茶叶中含夹杂物的程度。净度好的茶叶不含任何夹杂物。

2. 内质鉴别

（1）香气。香气是茶叶冲泡后随水蒸气挥发出来的气味。由于茶类、产地、季节、加工方法不同，茶叶冲泡后就会产生与这些条件相应的香气。如红茶的甜香、绿茶的清香、乌龙茶的果香或花香、高山茶的嫩香、祁门红茶的蜜糖香等。

鉴别香气除辨别香型外，主要比较香气的纯异、高低、长短。香气纯异指香气与茶叶应有的香气是否一致，是否夹杂其他异味；香气高低可用浓、鲜、清、纯、平、粗来区分；香气长短也就是香气的持久性，香气高、持久是好茶，带有烟、焦、酸、馊、霉等气味是劣质茶。

（2）汤色。汤色是茶叶形成的各种色素，溶解于沸水中而反映出来的色泽。汤色在鉴别过程中变化较快，为了避免色泽的变化，鉴别中要先看汤色或者嗅香气与看汤色结合进行。汤色鉴别主要抓住色度、亮度、清浊度三个方面。汤色随茶叶品种、鲜叶老嫩、加工方法而变化，但各类茶有其一定的色度要求，如绿茶的黄绿明亮、红茶的红艳明亮、乌龙茶的橙黄明亮、白茶的浅黄明亮等。

（3）滋味。滋味是评茶人的口感反应。评茶时首先要区别滋味是否纯正，一般纯正的滋味可以分为浓淡、强弱、鲜爽、醇和。不纯正的滋味有苦涩、粗青、异味。好的茶叶浓而鲜爽，刺激性强，或者富有收敛性。

（4）叶底。叶底是冲泡茶叶后剩下的茶渣。评定方法是以芽与嫩叶含量的比例和叶质的老嫩度来衡量。芽或嫩叶的含量与鲜叶等级密切相关，一般好茶叶的叶底，嫩叶含量多，质地柔软，色泽明亮，均匀一致。好茶叶的叶底表面明亮、细嫩、厚实、稍卷，品质差的茶叶的叶底表面暗、粗老、单薄、摊张等。一般焦叶、劣变叶、掺杂叶是不允许存在的。

二、茶叶保存方法

茶叶吸湿及吸味性强，很容易吸附空气中的水分及异味，储存方法稍有不当，就会在短时期内失去风味，而且越是轻发酵、高清香的名贵茶叶，越是难以保存。通常茶叶在储存一段时间后，香气、滋味、颜色会发生变化，原来的新茶香味消失，陈味渐露。常用的茶叶储存方法如下：

1. 塑料袋储存法

选有封口且为装食品用的无异味塑料袋。装茶后袋中空气应尽量挤出，可再用第二个塑料袋反向套上。塑料袋储存法防氧化、阻光、防异味效果一般。

2. 铝箔袋储存法

茶叶装入铝箔袋后用热封口机密封。茶叶分袋包装密封后置于冰箱内，然后分批冲泡，以减少茶叶开封后与空气接触的机会，延缓品质劣变的发生。用铝箔袋装茶遮光效果较好。

3. 罐装储存法

可选用铁罐、不锈钢罐或质地密实的锡罐。以清洁无味的塑料袋装茶后，再放入罐内盖上盖子，以胶带封住盖口。装有茶叶的金属罐应置于阴凉处，不要放在阳光直射、有异味、潮湿、有热源的地方。如果是新买的罐子，应先去除异味。罐的材料致密，因此罐装储存法对防潮、防氧化、阻光、防异味有很好的效果。

4. 石灰储存法

石灰储存法常用于西湖龙井的储存，即将成茶包好后放于装有石灰的坛子中，封好坛口。这样可以提高二氧化碳的浓度，降低空气中氧气的浓度，防止茶叶被氧化。但石灰储存法操作较繁琐。

5. 低温储存法

将茶叶储存的环境保持在5℃以下，也就是使用冷藏库或冷冻库保存茶叶。茶叶的低温储存以专用冷藏（冻）库为最好，如必须与其他食物共同冷藏（冻），则应为茶叶进行妥善包装，完全密封，以免吸附异味。茶叶低温储存时应先用小包（罐）分装，再放入冷藏（冻）库中，每次取出所需冲泡量，不宜将同一包茶反复冷冻、解冻。从冷藏（冷冻）库内取出茶叶时，应先让茶罐内或茶包中的茶叶温度回升至与室温相近，才可打开茶罐或拆开茶包，防止茶叶凝结水气增加含水量，使未泡完的茶叶加速劣变。低温储存法应用较广，常用于铁观音、绿茶的储藏。

小知识

●茶叶储存期为六个月以内的，冷藏温度以维持在0～5℃最经济有效；储藏期超过半年的，以冷冻（－10～－18℃）较佳。

●茶叶需长期储存的，含水量应控制在3％～5％。

●焙火及干燥程度与茶叶储藏期限有相当重要关系，一般而言，焙火较重、含水量较低的茶叶储存时间较长。

第二单元　茶艺基础知识

模块一　茶艺师岗位职责

1. 严格遵守各项规章制度，对工作场所环境卫生、设施设备要做好维护工作。

2. 严格把好操作技艺的质量关，避免有烫伤客人等事故发生。

3. 上班前要穿好工作服，化好妆，工作期间要保持良好的仪容仪表。

4. 对客人应热情、周到，见到领导、同事要打招呼或问候。引领客人入座，并热情服务，做到“问有答声”，迅速上前服务。

5. 对营业现场不间断巡视，随时服务客人；若客人对茶品有疑问，应及时向客人解释，不能解决时应上报部门领导。

6. 工作积极、主动、勤劳、诚实，做好每日岗位相关的工作。

7. 熟悉各种茶品的品名、产地、制作、特征及其冲泡方法、投茶量、泡茶水温、冲泡时间，协助客人鉴别茶叶质量等，使客人在品茗期间感受茶文化的博大精深。

8. 协助其他岗位的工作，若须帮助及时补位。

9. 经常练习自身技能技巧，若遇大型活动需要参加，根据公司安排做好演出、比赛的准备。

10. 定期组织服务人员接受茶叶、茶艺、茶文化等方面的知识、技能训练，积极营造食府茶楼的文化氛围。

11. 了解、熟知客人的姓氏、爱好、消费习惯，及时征询客人意见，做好令客人满意的服务与答复。

12. 主动征询客人意见，及时向部门领导汇报有建设性的意见和建议。

小知识

茶叶门店的茶艺师还要按公司的规定，准时上、下班，做好打卡工作。若为茶艺师领班还需掌握公司的概况及店里的设施设备，全面主持店里的各项工作，及时解决客人反映的问题，提高服务质量，让客人满意。

模块二　茶艺师服务礼仪

一、仪容仪表

茶艺的六要素是人、茶、水、器、境、艺。要达到茶艺美，则必须六要素俱美，做到六美荟萃，相得益彰。

人的美是茶艺美的核心，主要表现为两个方面：一方面是外在的形体美；另一方面是内在的心灵美。而在茶艺六要素中，人是茶艺最主要的要素，同时也是最美的要素。

茶艺师的仪容仪表美在交流和服务中是对客人的礼貌和尊重，是形体美和服饰美的有机结合。客人在外观端庄、美好、整洁的茶艺人员的接待中，感觉到自己的身份地位得到了承认，求尊重的心理也会获得满足。

1. 形体美

形体美主要包括表情、眼神、微笑、发型等方面。

（1）表情。俗话说“出门看天色，进门看脸色”，这主要是针对人的面部表情而言的。要求茶艺师服务时面部表情要平和放松，面带微笑，热情服务。

（2）眼神。茶艺师目光注视的位置一般在以对方双眼为底线、唇部为顶角的倒三角形区域内，连续注视客人的时间为1～2秒。如在奉茶时，应以真诚的目光向客人表达敬意，这种眼神可以使客人感到舒服、有礼貌，有利于营造平和的品茶氛围。在待客服务过程中，茶艺师的目光不能左顾右盼、挤眉弄眼，更不能用白眼、斜眼看人。

（3）微笑。微笑是一种特殊的“情绪语言”，在服务过程中一个真诚的微笑，往往可以打动人、感染人，是令客人感到满意和愉快的最好催化剂，可以起到“无声胜有声”的作用。

（4）发型。发型是构成人外在气质美的因素之一。茶艺师要根据年龄、身材、脸型、头型、发质等因素，来设计优美、端庄的发型，达到整体和谐美的效果。在工作中，茶艺师的头发应梳洗干净整齐，如果是长发的宜盘发；如果是短发，也不要在低头时，让头发落下挡住视线，否则会影响操作；不要使头发掉落到茶具或操作台上，否则会给客人不卫生的感觉。

（5）其他。茶艺师还应注意以下几个问题：

1）茶艺师在上班前应做好准备，女性茶艺师要化好淡妆，切忌浓妆艳抹。

2）茶艺师的双手有着重要的作用。在对客服务的过程中，客人的视线始终关注着整个泡茶过程，因此，茶艺师要有一双干净的手，再配以流畅的泡茶动作，这样才能使客人感到赏心悦目。这就要求茶艺师的手要保持干净，指甲要及时修剪整齐，不涂有颜色的指甲油，特别注意在泡茶之前避免手上留有浓烈的护手霜或是沾上化妆品的香味，以免污染茶具，影响茶本来的香气。

3）茶艺师平时应讲究个人卫生，勤洗澡，不能喷香水，保持个人口腔卫生，不能吃有异味的东西。

4）切忌在客人面前做一切不雅的小动作，如抠鼻子、掏耳朵等。

2. 服饰美

俗话说“三分长相，七分打扮”。服饰可反映出人的性格与审美趣味，影响生活茶艺的效果。茶艺师着装的原则是得体、和谐。若有制服必须统一穿着，并要保持整洁干净，把工号牌佩戴在左胸前。

在泡茶过程中，如果服装颜色、样式与茶具环境不协调，就会影响到整个品茗环境和气氛，易使客人产生躁动不安的感觉，所以茶艺师的服饰应与茶具相协调。茶艺师不宜佩戴过多的装饰品，服装颜色不宜过于鲜艳，袖口不宜过宽或过长，以免沾到茶具或茶水，影响操作并给人一种不卫生的感觉。

二、仪态要求

茶艺师的仪态一般可分为站姿、坐姿、走姿、蹲姿四大类。优美的站、坐、走、蹲的姿态，可以展示出茶艺师不同质感的动态美、良好的气质和风度。俗话说“站如松、坐如钟、行如风”，这是对茶艺师仪态的概括要求。

1. 站姿

茶艺师的基本功之一就是站立服务。典雅端庄的站姿可以展示出茶艺师自身的素质和精神面貌，也可以展现出企业的整体形象。

(1) 站姿的基本要领

1) 头正。双目平视，嘴唇微闭，下颌微收，面部平和自然。

2) 颈直。要有向上拉长自己脖子的感觉。

3) 肩平。双肩放松，微向后并向下压，身体有向上的感觉，呼吸自然。

4) 躯挺。躯干挺直，收腹，挺胸，立腰。

5) 收腹。腹部向内收，有向后腰贴靠的感觉。

6) 臂垂。双臂放松，自然下垂于体侧，手指自然弯曲。

7) 腿并。双腿绷直，双膝并拢，两脚跟靠紧，两脚尖分开呈“V”字形，角度为15°～30°。

(2) 男士的基本站姿

1）男士站姿一，如图 2—1 所示。双手自然垂放于身体两侧，虎口向前，两膝并拢，两腿绷直，脚跟靠紧，脚尖分开呈“V”字形，约 30°。

2）男士站姿二，如图 2—2 所示。双脚张开，距离不超过肩宽，双手在身后交叉，右手在上，左手在下，贴于体后。

图 2—1　男士站姿一

图 2—2　男士站姿二

3）男士站姿三，如图 2—3 所示。双脚站姿同站姿一或站姿二，左手单臂背后，右手来完成相应的动作，如指引方向。

图 2—3　男士站姿三

（3）女士的基本站姿

1）女士站姿一，如图 2—4 所示。双手自然垂放于身体两侧，虎口向前，两膝并拢，两腿绷直，脚跟靠紧，脚尖分开呈“V”字形。

2）女士站姿二，如图 2—5 所示。两脚尖略分开，右脚在前，将右脚脚跟靠在左脚脚弓处，呈“丁”字步。双手虎口相交叉，右手在上，左手在下，轻贴于小腹前。

图 2—4　女士站姿一

图 2—5　女士站姿二

3）女士站姿三，如图 2—6 所示。双脚呈“丁”字步，左手单臂背后，右手来完成相应的动作，如引领方向。

（4）站姿禁忌

1）身体抖动或晃动，高低肩、耸肩、歪脖子、小腹向前挺出、塌腰、翘臀等。

2）将手插入裤袋、腰间或交叉在前，做小动作，如摆弄衣角、咬手指甲、抖动双腿等。

3）双臂交叉抱于胸前，双手或单手叉腰。

4）双脚呈外八字或内八字，不自主地抖动。

5）东倒西歪，无精打采，懒散地依靠在墙上、桌子上等。

图 2—6　女士站姿三

2. 坐姿

坐，作为一种举止，有着美与丑、优雅与粗俗之分。正确的礼仪坐姿要求“坐如钟”，指人的坐姿像座钟般端直，当然这里的端直指上体的端直。茶艺师根据茶事活动的内容、形式、场地的不同，有时要采取坐姿为客人沏茶。正确规范的坐姿要求端庄而优美，给人以文雅、稳重、自然大方的美感，同时展现一个人的内在涵养。

（1）坐姿的基本要求。入座时，讲究左进右出，动作做到轻、稳、缓。背向座位，先将右脚后退半步使腿肚贴在座位边，再轻稳坐下，后将双脚并齐。如果椅子位置不合适，需要挪动椅子的位置，应当先把椅子移至欲就座处，然后入座。坐在椅子上移动位置，是有违社交礼仪的。女士入座时，若是着裙装，应用手背将裙子稍稍拢一下，如果等坐下后再拉拽裙摆，会显得极不优雅。男士落座前可稍稍将裤腿提起。

入座后，不得坐超过椅面的 2/3。神态宜从容自如，嘴唇微闭，下颌微收，双目平视，面容平和自然。双肩平正放松，两臂自然弯曲放在腿上，也可放在椅子或是沙发扶手上，以自然得体为宜，掌心向下。

坐在椅子上，要立腰、挺胸，上体自然挺直，双手不操作时，自然交叉相握放于腹前，手背向上，四指自然合拢；或两手呈“八”字形，平放在操作台上。

当然，由于茶桌和茶椅的高低与造形不同，必要时可以调整一下坐姿。

（2）男士的坐姿

1）标准式，如图 2—7 所示。双腿自然弯曲，小腿垂直于地面，两膝分开约一个拳头的距离，脚态可取小八字步或稍分开呈 45°。两手可分别搭在左右两腿侧上方。

2）曲直式，如图 2—8 所示。右脚前伸，左小腿屈回，右脚掌撑地。

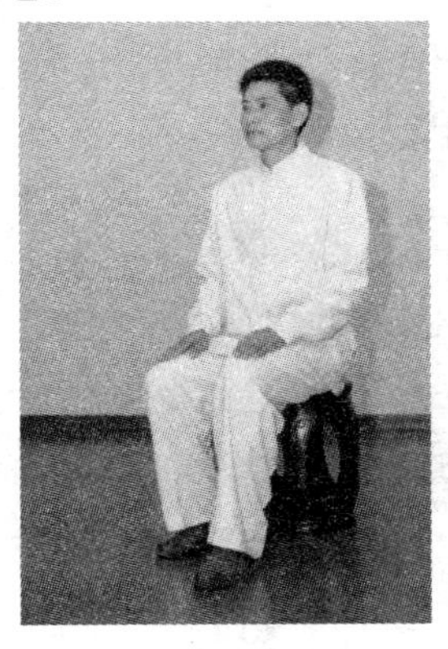

图 2—7　标准式

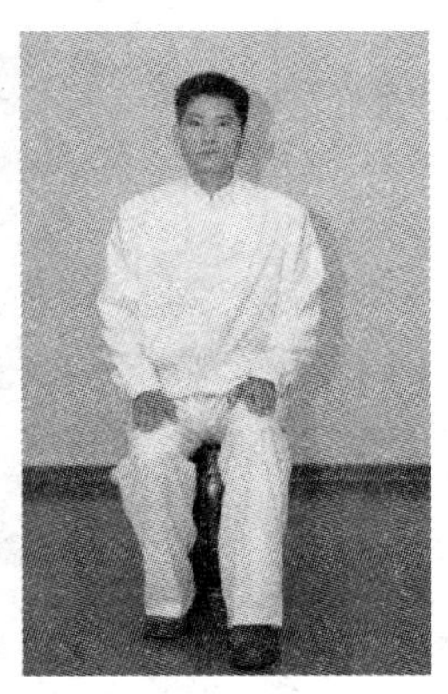

图 2—8　曲直式

3）前交叉式，如图 2—9 所示。在标准式的基础上，两小腿前伸，两脚在踝关节处相互交叉叠放，脚尖不要翘起，两膝分开约一个拳头的距离。

4）重叠式，如图 2—10 所示。左（右）小腿垂直于地面，右（左）腿在其上面重叠，在上方的小腿向里收，脚尖向下。双手分别放在椅子扶手或腿上。

5）盘腿式坐姿，如图 2—11 所示。一般适合于穿长衫的男

图 2—9　前交叉式

图 2—10　重叠式

图 2—11　盘腿式坐姿

士或用于表演宗教茶道。坐时用双手将衣服撩起再坐下，衣服后层下端平铺，右脚置在左脚下，再用两手将前面下摆稍稍提起，注意不可露袜。

（3）女士坐姿

1）标准式，如图 2—12 所示。上身挺直，双肩平正，双膝并拢，小腿垂直于地面，两脚保持小“丁”字步。双手叠放在双腿中部并靠近小腹，但注意身体不要离茶桌太近，以免造成操作不自然。

2）曲直式，如图 2—13 所示。上身挺直，如右脚前伸，则左小腿屈回；如左脚前伸，则右小腿屈回。大腿靠紧，两脚掌撑地，两脚在同一条直线上。

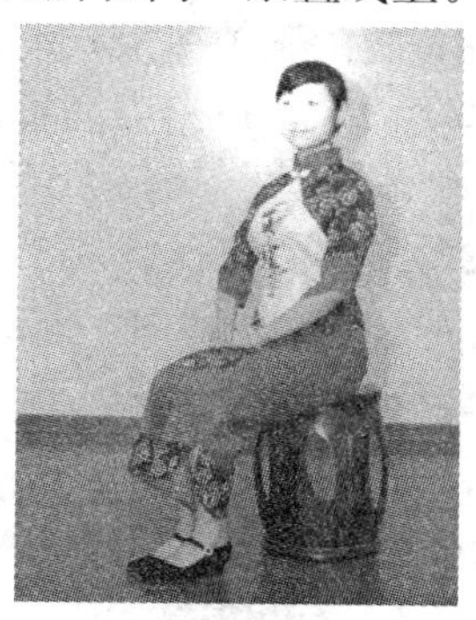

图 2—12　标准式

图 2—13　曲直式

3）侧点式，如图 2—14 所示。上身挺直，两小腿向右（左）斜出，右（左）脚跟靠拢左（右）脚脚弓，右（左）脚撑地，左（右）脚尖着地。

4）侧挂式，图 2—15 所示。在侧点式的基础上，右（左）小腿后屈，脚绷直，脚掌内侧着地，左（右）脚提起，用脚面贴住右脚踝，两小腿并拢，上身左（右）转。

图 2—14　侧点式

图 2—15　侧挂式

5）后点式，如图 2—16 所示。两小腿后屈，脚尖点地，两膝并拢。

6）重叠式，如图 2—17 所示。在标准式坐姿的基础上，一条腿提起，两膝相叠，使腿窝落在另一条腿的膝关节上，上面的腿往里收，贴在另一条腿的小腿处，脚尖向下，以给人高贵、大方之感。

图 2—16　后点式

图 2—17　重叠式

（4）坐姿禁忌

1）两腿叉开，或成四字形的叠腿方式，脚尖指向他人。

2）前倾后仰，歪歪扭扭，双脚开叉过大、长长伸出。

3）将双手放于臀部下面或放在两腿中间，大腿并拢小腿分开。

4）腿脚不停抖动或猛坐猛起。

5）将脚架在椅子、沙发或茶几上。

3. 走姿

走姿是站姿的延续动作，是在站姿的基础上展示人的动态美。茶艺表演在入场和出场、鉴赏佳茗、敬奉香茗等过程中都处于行走状态。因此，茶艺师的走姿是一种动态美，往往是最引人注目的身体语言，也最能表现一个人的风度和活力。女士走姿如

图 2—18 所示，男士走姿如图 2—19 所示。

图 2—18　女士走姿

图 2—19　男士走姿

（1）走姿的注意事项

1）走路时自然地摆动双臂，幅度不可太大，前后摆动的幅度 45°左右，切忌做左右式的摆动。

2）身体应保持挺直，切忌左右摇摆或摇头晃肩。

3）膝盖和脚踝都应轻松自如，切忌走外八字或内八字。

4）走路时不要低头、后仰，更不要扭动臀部。

5）多人一起行走时，不要排成横队，勾肩搭背，边走边说，这些都是不美的表现。有急事要超过前面的行人，不得跑步，可以大步超过，并转身向被超越者致意道歉。

6）步幅与呼吸应配合成规律的节奏，穿礼服、裙子或旗袍时步幅要轻盈优美，不可跨大步。若穿长裤步幅可稍大些，这样才显得活泼生动。

7）行走时，身体重心可以稍向前，它有利于挺胸、收腹，此时的感觉是身体重心在前脚的大脚趾和二脚趾上。理想的行走线路是脚正对前方所形成的直线，脚跟要落在这条直线上。若脚的方向向里，会成为罗圈腿；脚尖过于外撇，会造成“X”形腿。走路要轻而稳，上体正直，抬起头，眼睛平视前方，面带微笑，切忌晃肩摇头、上体左右摇摆，腰和臀部不要落后。两臂自然地前后摆动，肩部放松。

（2）几种错误的走姿

1）横冲直撞。在客人较多的时候，如果茶艺人员在服务过程中乱冲乱闯，甚至碰撞到他人的身体，这是极其失礼的行为。

2）抢道先行。茶艺人员在行进时应注意，通过路窄之处务必要讲究“先来后到”，对客人“礼让三分”。

3）蹦蹦跳跳。茶艺人员在服务过程中不要出现上蹿下跳甚至连蹦带跳的失态情况，而要随时保持自己的形象和风度。

4）制造噪声。茶艺人员在走路时要轻手轻脚，落地时不要过分用力，发出“咚咚”的响声；在安静的场合不要穿带有金属鞋跟或带有金属鞋掌的鞋子；所穿鞋子一定要合脚，否则行走时会发出“吧嗒吧嗒”的噪声。

5）步态不雅。茶艺人员在服务时如果走“八字步”或“鸭子步”、步履蹒跚、腿脚伸不直，脚尖首先着地等不雅的步态，就会给客人一种老态龙钟、有气无力的感觉，有时还会给人以嚣张放肆、矫揉造作之感。

（3）走姿的训练

1）双肩双臂摆动训练。身体直立，以身体为柱，双臂前后自然摆动。注意摆动适度，纠正双肩过于僵硬、双臂左右摆动的毛病。

2）步位、步幅训练。在地上画一条直线，行走时检查自己的步位和步幅是否正确，纠正“外八”“内八”及脚步过大、过小的毛病。

3）顶书训练。将书本置于头顶，保持行走头正、颈直、目不斜视，纠正走路摇头晃脑、东张西望的毛病。

（4）变向步走姿

1）后退步。奉茶结束时，扭头就走是不礼貌的。应先后退

1～2 步，再转身离去。

2）侧行步。当走在客人面前引领客人时，或向客人介绍产品时，要走侧行步。在引领客人时，应该尽量用右手进行引导。

4. 蹲姿

在茶事服务过程中，需要取低处物品或拾起落在地上的东西时，应该采取优美的下蹲姿势。如果直接弯下身体翘起臀部，是极不雅观的。

（1）蹲姿的基本要求

1）高低式蹲姿，如图 2—20、图 2—21 所示。下蹲时左脚在前，右脚在后。左脚着地，小腿垂直于地面，右脚脚跟提起，右脚掌着地。右膝低于左膝，内侧贴靠在左小腿的内侧，臀部向下，以右脚支撑身体，形左高右低的姿势。也可采用左右相反的姿势。

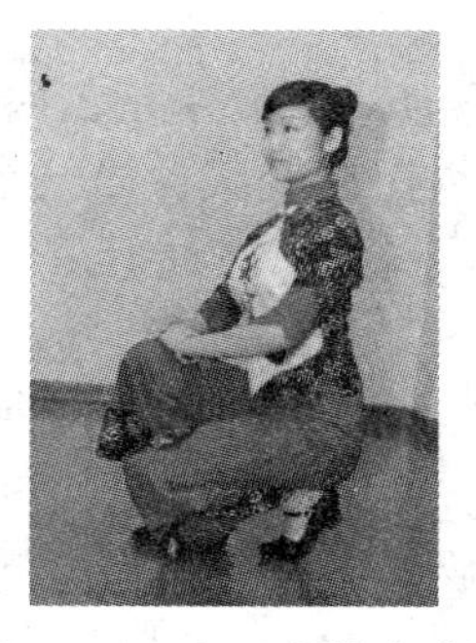

图 2—20　女士高低式蹲姿

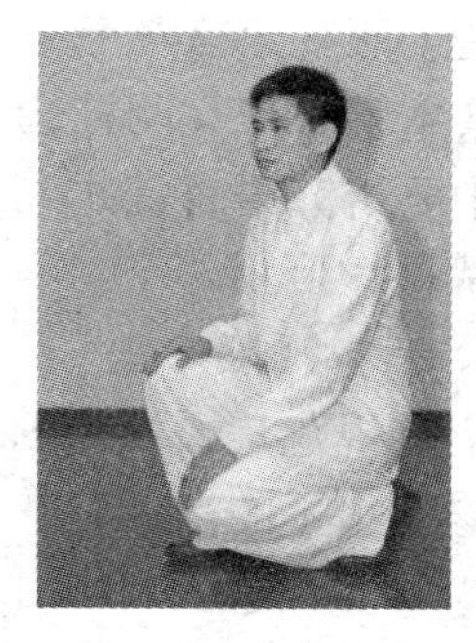

图 2—21　男士高低式蹲姿

2）交叉式蹲姿，如图 2—22 所示。这种蹲姿一般不适合男士。下蹲时右脚在前，左脚在后，右腿在上，左腿在下，两腿交叉重叠。左膝由后下方伸向右侧，左脚脚跟抬起，左脚脚掌着地。双腿前后靠紧，合理支撑身体，上身稍向前倾，臀部向下，也可采用左右相反的姿势。

（2）蹲姿禁忌

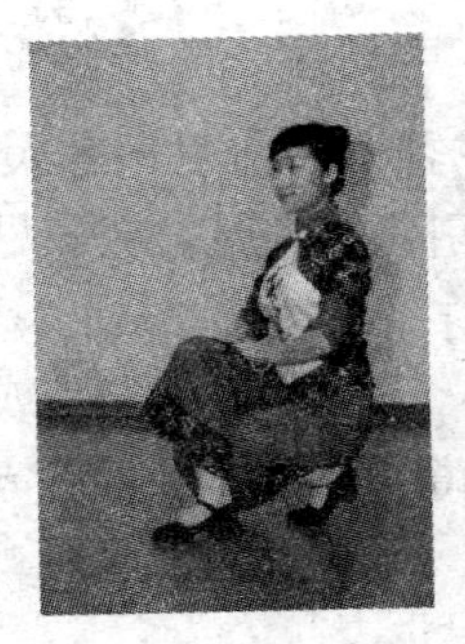

图 2—22　交叉式蹲姿

1）下蹲时毫无掩饰，尤其是着裙装的女士。

2）在他人身边下蹲时，正面或背对着他人

3）离人过近，造成撞挤或妨碍他人。

4）突然蹲下或蹲着休息。

三、服务语言

茶室是现代文明社会中高雅的社交场所，它要求茶艺人员在交往中要讲究语言艺术，做到谈吐文雅、语调轻柔、语气亲切、态度诚恳。

1. 语言规范

语言规范是语言美的最基本的要求，也可体现茶艺人员的素质、修养水平的高低。在对客服务的过程中，茶艺人员的口语表达尤为重要，这就要求合格的茶艺人员必须做到：语言规范、语言亲切、音量适中、音调简洁清晰，体现出主动、热情、周到、谦虚的态度。如恰当使用基本礼貌用语：“请、谢谢、您好、对不起、再见”。

2. 语言艺术

（1）茶艺师工作特殊，要求语言准确、吐字清晰、用语得当。不可“含糊其辞”，也不可“夸大其辞”。说话声音要柔和悦耳，娓娓动听，节奏抑扬顿挫，风格诙谐幽默，表情真诚自信，表达流畅自然。在与对方交流过程中，茶艺师要注意平视对方，用眼神来交流，增强语言交流的效果。

（2）在对客服务的过程中，应恰当使用称呼用语。对一般成年男子称“先生”，对未婚或不明婚姻情况的女子称“女士”或“小姐”。对尊长、同辈的称呼可用人称敬辞，如“您、您老、您老人家”等。在比较正式的场合，也可用老师、医生等职业称谓，或书记、主任、经理、博士等职务、职称称谓。

（3）在服务的过程中，应做到待客有“五声”，待客时宜用“敬语”。待客“五声”是指宾客到来时有问候声，落座后有招呼声，得到协助和表扬时有致谢声，麻烦宾客或工作中有失误时有致歉声，宾客离开时有道别声；“敬语”包含尊敬语、谦让语和郑重语。茶艺人员在服务的过程中，应根据不同的对象，运用不同的服务敬语。

（4）杜绝“四语”，即不尊重宾客的蔑视语、缺乏耐心的烦躁语、不文明的口头语、自以为是或刁难他人的斗气语。如“喂”“不行”“不知道”等。

（5）感谢客人时，应使用感谢语，如“谢谢”“感谢您的提醒”等。道谢时，应注视对方，面带微笑，目光诚恳。

（6）客人离别时，应使用道别语，如“再见”“欢迎再次光临”“感谢您的光临”等。

四、服务接待

1. 茶艺师服务接待过程应该全力展示人之美，做到仪表端庄、表情丰富、举止大方、语言文明等，参见茶艺师的岗位职责要求。

2. 上班要注意“三轻”，即说话轻、走路轻、操作轻，做到温文尔雅，谦逊谨慎。

3. 上班时间不可随意吃东西、吸烟，更不能食用、饮用营业用的茶点、饮料等。

4. 宾客到来时，应面带微笑，主动打招呼，使用“欢迎光临”“您好”等礼貌用语。

5. 与客人进行交流时，要保持1米左右的距离，注意使用礼貌用语，“请”字当头，“谢”字不离口。

6. 对客人的提问应该给予圆满的答复，遇到不知道的事情，应请示领导或查阅资料而不能脱口而出地说不知道，当一时满足不了客人提出的要求，应当对客人讲明原因，并表示歉意。

7. 听取客人的意见时，要作出相应的反应，点头微笑，使用适当的应答语，如“好的”“明白了”“谢谢您的建议”等。

8. 服务不周或打扰客人时，要使用道歉语，如“对不起”“打扰了”“请您原谅”等。致谦时一定要发自内心，抱有诚意，语调和缓，目光真诚，迅速及时表达歉意。

9. 如遇问题与客人争议时，应向客人婉转解释或请示上级，严禁与客人争吵。

10. 在服务过程中，使用赞美语可以营造一种热情友好、积极肯定的交往氛围。但赞美别人时一定要真心诚意，因人而异，并注意场合与客人的身份。

11. 在服务过程中，茶艺人员要能熟练掌握常用的礼节，如握手礼、鞠躬礼、伸掌礼、注目礼、点头礼、奉茶礼、寓意礼等。

五、服务礼节

1. 寓意礼

在长期的茶事活动中，形成了一些寓意美好祝福的“寓意礼”，宾主双方不必使用语言，便已心照不宣。

（1）壶嘴不能对准客人。如果壶嘴对准客人，有暗喻不欢迎客人之意，识相者会当场离开。

（2）斟茶限七分。俗云“茶满欺客”。斟茶只倒七分满，暗寓“七分茶三分情，留给客人之意”，而且也便于客人握杯啜饮。

（3）茶巾折口不能对准他人。表示对客人的尊敬，而且美观。

（4）三只杯子不能摆成直线条。因为三只杯子摆成直线形有祭祀之意。

（5）凤凰三点头。右手提水壶高冲低斟反复三次，寓意为向来宾鞠躬三次以示欢迎。

（6）双手内旋。在进行回转注水、斟茶、温杯、烫壶等操作时，需要用到双手回旋，右手按逆时针方向、左手按顺时针方向动作，类似于招呼手势，寓意“来、来、来”表示欢迎；反之则变成暗示挥斥“去、去、去”。

2. 鞠躬礼

鞠躬礼是中国传统的礼仪动作，可分为站式、坐式和跪式三种。在茶艺服务过程中，站式鞠躬礼最常用。其动作要领是：右手在上，左手在下，双手虎口交握于小腹前，上半身平直向前倾斜，动作应轻松、自然柔和。根据不同场合其倾斜弧度不一样，一般 15°～30°即可，倾斜到位后略作停顿，停顿时间一般为 1～2 秒，再缓缓直起上身，面带微笑，直起时速度与倾斜速度应保持一致。

3. 伸掌礼

伸掌礼是茶艺服务过程中使用最多的礼仪动作。表示“请”“谢谢”，宾主双方均可采用。其动作要领是男士四指并拢，虎口稍分开，拇指向外与食指呈现 45°，手心向上；而女士中指略向上翘起，其余三指平衡，拇指向内与食指呈现 45°，手掌略向内凹，要有含着一个小气团的感觉，掌心向上。

模块三　品茗环境及用水选择

一、品茗环境要求

自古以来，品茶人就十分讲究品茗环境。早期喝茶的地方叫做“围”，也就是在住家客厅的一角，以屏风围起来，再加以适当的摆设。随着生活条件的改善，就腾出一间专门喝茶的房间来，称其为“泡茶间”。现在物质条件丰富了，装修几间房子作为品茗休闲用的公共场所叫做“茶艺馆”，甚至有的建一幢幽雅的房子作为品茗休闲、洽谈生意的场地，叫做“茶楼”。

人说“酒逢知己千杯少”，饮酒必得热闹与狂放。而茶则不然，欲得其真味，须得静品。所以品茗环境要求干净整洁、幽静典雅、宽敞明亮，如挂上名人字画，摆上一盆花，能增加古雅典朴的气息；同时可以播放古筝曲等慢节奏纯音乐，以此增加品茗情趣，营造一种清雅、和谐、谦让、友好的茶文化氛围，让品茶人享受冲泡过程中每一个细节的韵味，享受天然健康的饮料，享受轻松惬意的生活。

二、用水选择

水之于茶，有“水为茶之母”之说。茶人十分讲究泡茶用水，明代张大复在《梅花草堂笔谈》中见道：“茶性必发于水。八分之茶遇十分之水，茶亦十分矣；八分之水试十分之茶，茶只八分耳”。

水大概分为两大类，为天然水（泉水、河水、井水、江湖水、天落水等）和人工处理水（自来水、纯净水、太空水等）。研究结果发现，泡茶用水以泉水、纯净水为好，自来水、江湖水、井水最差。水中的矿物质元素对茶叶的香气、滋味影响很大，所以水质的好坏直接影响茶水的质量。

水质的好坏表现在水的硬度。硬度大的水，水质较差，不适合饮用。卫生部对饮水卫生规定，硬水总硬度不超过25°，软水总硬度一般不超过8°。而水的硬度影响水的pH值，pH值的高低对茶汤色泽影响很大。当pH值小于5时，对红茶汤色影响较小，如果超过5时，茶汤的色泽就相应地加深，当茶汤pH值达到7时，茶黄素倾向于自动氧化而损失，茶红素则自动氧化使汤色发暗，以致失去汤味的鲜爽度。所以泡茶用水pH值在5以下，用天然软水效果最佳。

水温高低直接影响茶叶的滋味。唐代陆羽《茶经》云：“其沸如鱼目，微有声，为一沸；缘边如涌泉连珠，为二沸；腾波鼓浪为三沸。”二沸煎茶最好，水嫩水老均不取。水过老，不但泡茶风味不佳，而且较多亚硝酸盐会有损人体健康。

模块四　常用器具的名称及使用方法

一、不同材质、不同形状器具

1. 主泡茶器

主泡茶器是用于泡茶，不可缺少，如图 2—23 所示。

侧把壶　小瓷壶

盖碗（三分杯）　紫砂壶

陶壶　玻璃壶

图 2—23　主泡茶器

2. 茶盅

茶盅又叫公平杯和公道杯，其用途是综合茶汤，使茶汤浓淡均匀。茶盅分为有柄茶盅、无柄茶盅，如图 2—24 所示。

紫砂盅

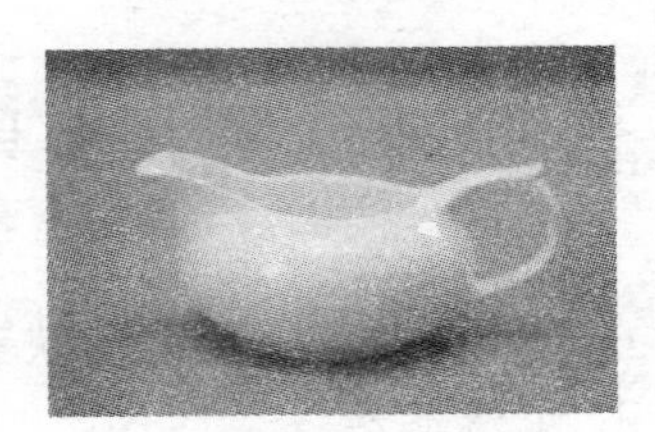

瓷盅

玻璃茶盅

陶盅

图 2—24　茶盅

3. 茶滤

茶滤用于过滤茶渣，使茶汤清澈明亮。茶滤包括过滤网及过滤架，如图 2—25 所示。

瓷茶滤

陶茶滤

金属茶滤

玻璃茶滤

图 2—25　茶滤

4. 品茗杯

品茗杯是用于品饮茶汤，鉴赏汤色。有瓷质茶杯、紫砂茶杯、陶质茶杯、玻璃茶杯，如图 2—26 所示。

瓷质

紫砂

陶质

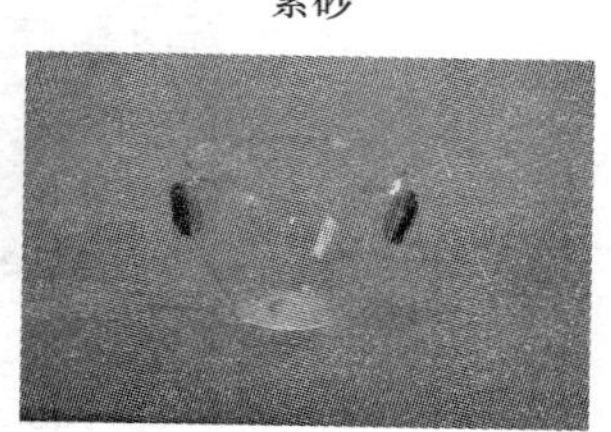

玻璃

图 2—26　品茗杯

5. 闻饮杯组

用于品茶及闻香。闻饮杯组分为闻香杯和饮茶杯，如图 2—27 所示。

6. 茶洗

茶洗用于盛装弃水或盛放茶杯，有陶质、玻璃和瓷质之分，

紫砂闻饮杯组

瓷闻饮杯组

图 2—27　闻饮杯组

如图 2—28 所示。

陶质

玻璃

瓷质

图 2—28　茶洗

7. 茶罐

茶罐用于储存茶叶，防止茶叶变质，如图 2—29 所示。

8. 茶荷

茶荷用于盛放茶叶，鉴赏干茶，如图 2—30 所示。

9. 煮水用具

主要用于烧水来泡茶，如图 2—31 所示。

瓷罐

金属罐

陶罐

图 2—29　茶罐

瓷茶荷

陶茶荷

图 2—30　茶荷

电磁炉

酒精炉

随水泡

图 2—31　煮水用具

10. 壶垫

壶垫主要是为了防止盖碗、茶壶、水壶烫伤桌面，如图 2—32 所示。

木质壶垫

布艺壶垫

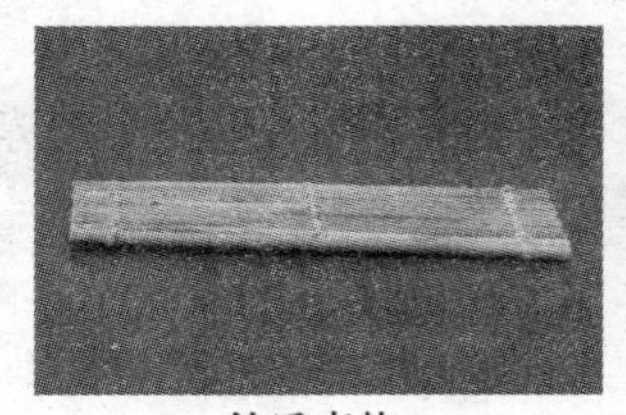

竹质壶垫

图 2—32　壶垫

11. 杯托

杯托用于盛放品茗杯和闻香杯。有瓷质、竹质、木质、紫砂、布艺等杯托，如图 2—33 所示。

12. 茶道组

茶道组是泡茶辅助用具，主要有以下几类器具，如图 2—34 所示。

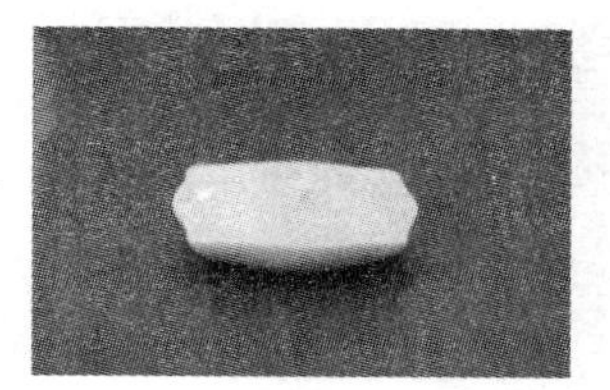
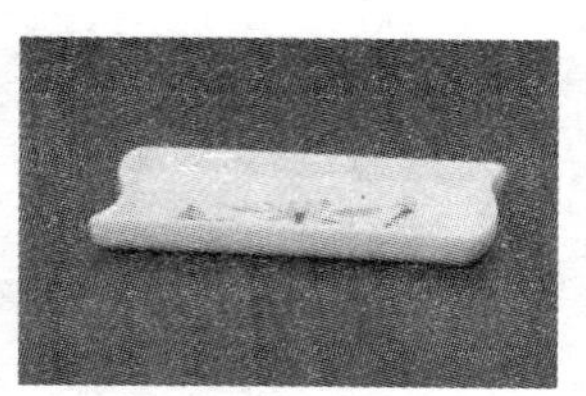

瓷质杯托

竹质杯托

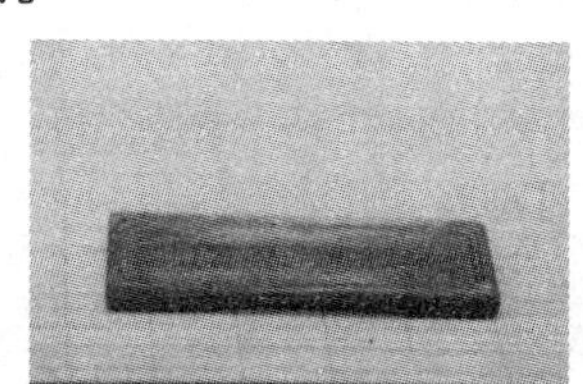

木质杯托

紫砂杯托

布艺杯托

图 2—33　杯托

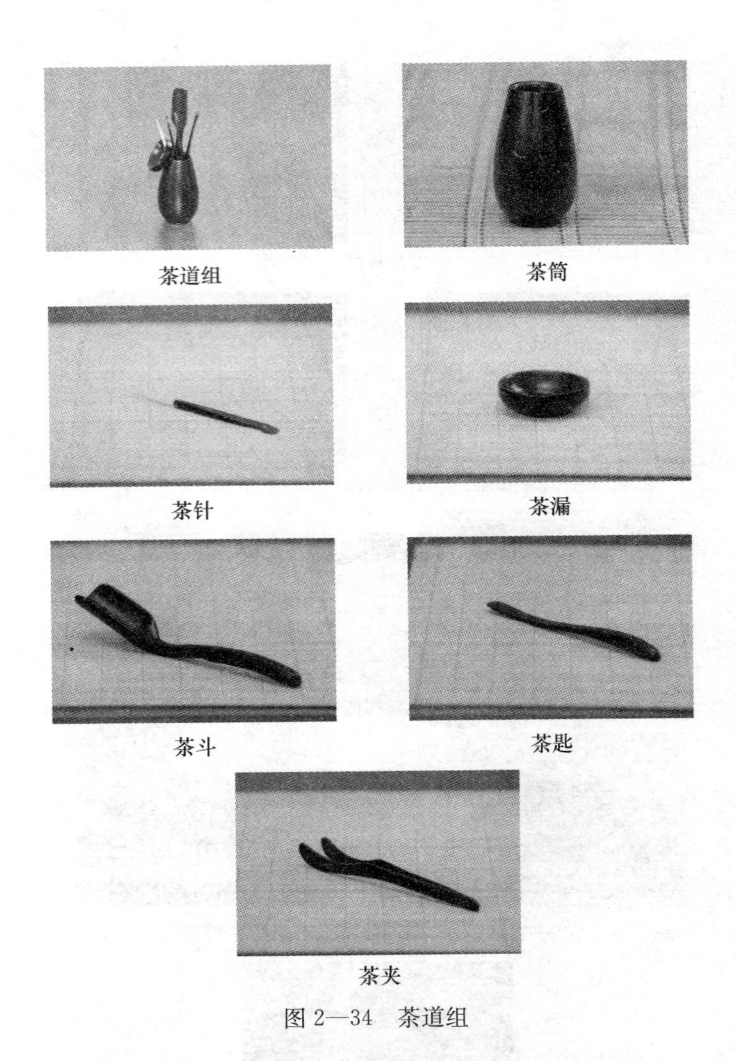

茶道组　茶筒　茶针　茶漏　茶斗　茶匙　茶夹

图 2—34　茶道组

茶筒：用于放置茶针、茶漏、茶斗、茶匙、茶夹等。

茶针：疏通紫砂壶嘴。

茶漏：置于紫砂壶口，防止茶叶外漏。

茶斗：又叫茶则，量取茶叶。

茶匙：拨取茶叶。

茶夹：夹洗茶杯，防止烫手。

13. 茶席装饰品

茶席装饰品用于茶席设计点缀。主要有屏风、小竹篱笆、竹卷等，如图 2—35 所示。

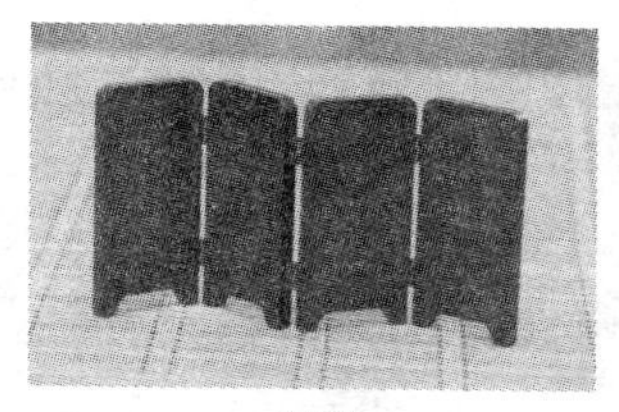

屏风

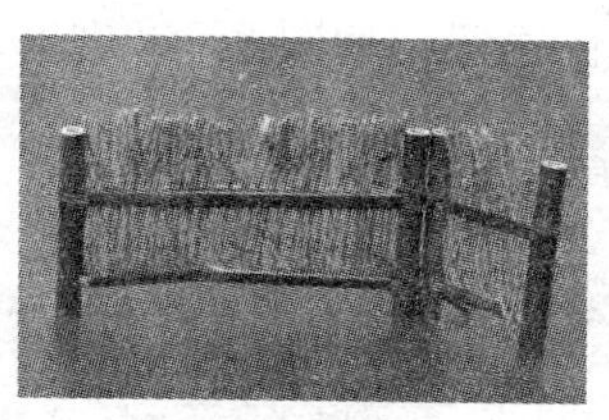

小竹篱笆

竹卷

图 2—35 茶席装饰品

14. 茶巾

茶巾主要用于沾干壶底余水或垫壶，防止烫手，如图 2—36 所示。

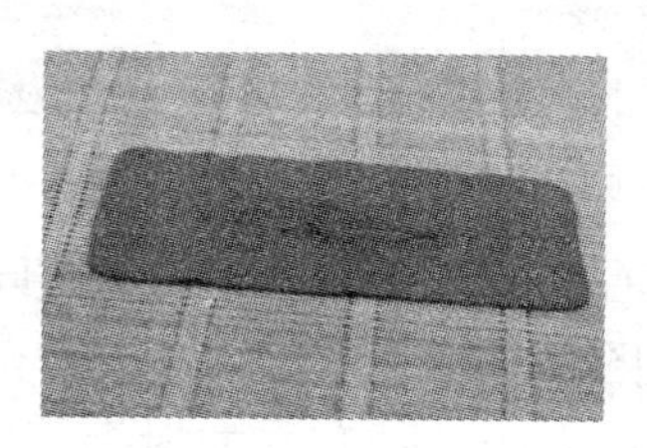

图 2—36 茶巾

二、握拿器具的手法（男士与女士区分）

1. 女士握拿器具手法

（1）提梁壶。右手大拇指与中指相搭勾住壶把，食指轻抵壶把上，左手中指抵住壶钮，如图 2—37 所示。

（2）侧提壶。右手四指并拢与大拇指共同握住壶把，左手中指抵住壶钮，如图 2—38 所示。

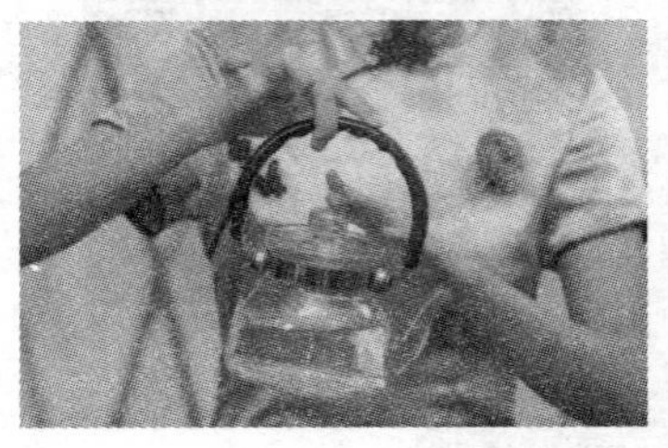

图 2—37　提梁壶

图 2—38　侧提壶

（3）小侧提壶。右手四指并拢与大拇指共同握住壶把，如图 2—39 所示。

（4）侧把壶。右手握壶把，左手中指抵住壶钮，如图 2—40 所示。

图 2—39　小侧提壶

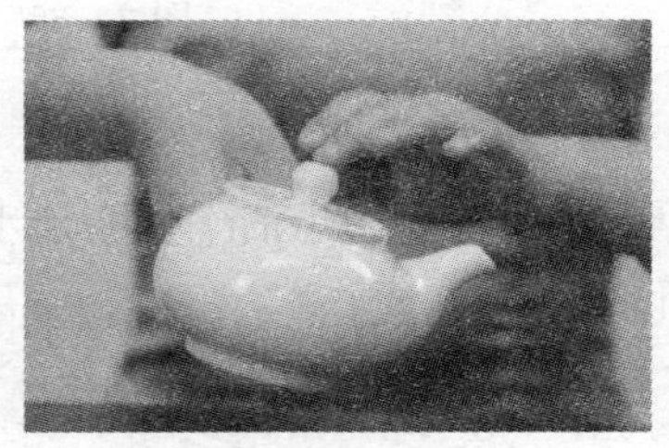

图 2—40　侧把壶

（5）泡茶壶。右手四指并拢与大拇指共同握住壶把，左手用茶巾托住壶底，如图 2—41 所示。

（6）大紫砂壶。方法一：右手大拇指与中指相搭勾住壶把，食指按住壶盖，无名指与小指自然弯曲，左手呈兰花指状并用中指托住壶底，如图 2—42 所示。

图 2—41　泡茶壶

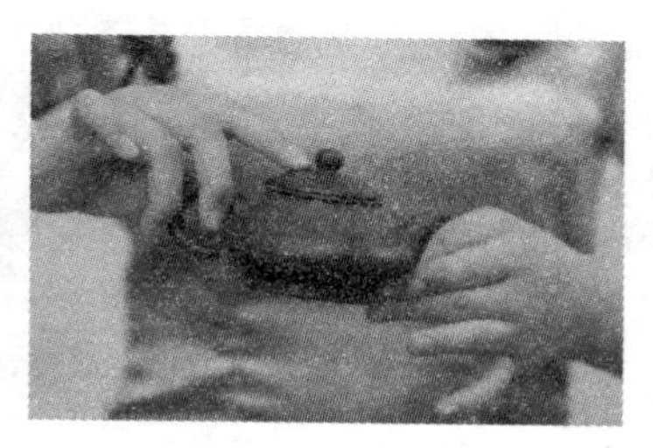

图 2—42　大紫砂壶

方法二：右手食指勾住壶把，大拇指抵住壶把上方、中指握住壶把下方，其他手指自然弯曲，左手食指与中指按壶钮，如图 2—43 所示。

（7）小紫砂壶。右手大拇指与中指相搭勾住壶把，食指按住壶钮，无名指与小指自然弯曲，如图 2—44 所示。

图 2—43　大紫砂壶

图 2—44　小紫砂壶

（8）小提梁壶。右手大拇指与食指、中指提横梁，左手中指抵住壶钮，如图 2—45 所示。

（9）小瓷壶。右手大拇指与中指相搭勾住壶把，食指按住壶钮，无名指与小指自然弯曲，如图 2—46 所示。

（10）盖碗。右手大拇指与中指握杯沿，食指按住盖钮，呈“三龙护鼎”状，无名指与小指自然弯曲，如图 2—47 所示。

（11）高脚杯。右手食指与中指托住杯底，大拇指靠在杯身，无名指与小指自然弯曲，如图 2—48 所示。

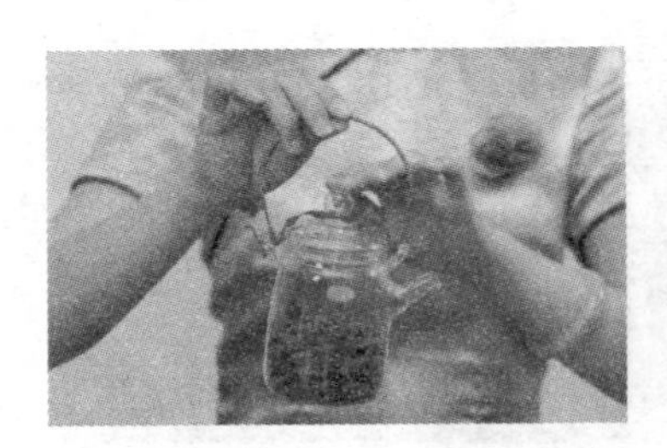

图 2—45　小提梁壶

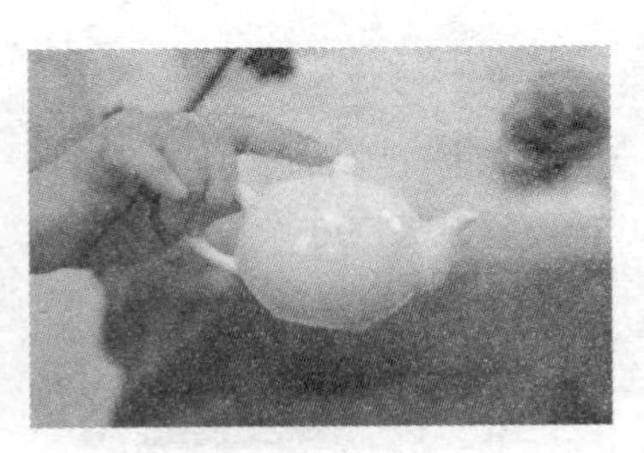

图 2—46　小瓷壶

图 2—47　盖碗

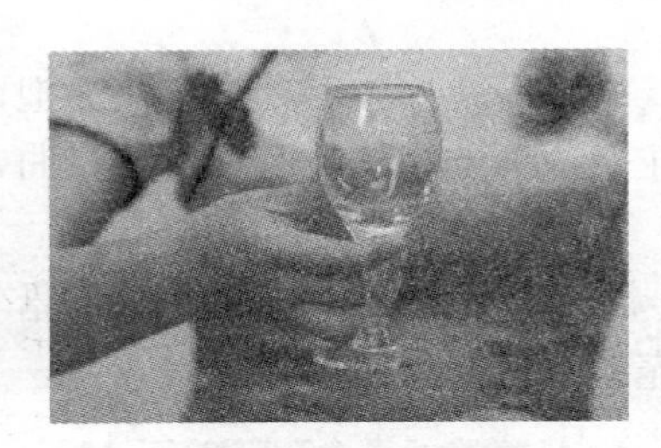

图 2—48　高脚杯

（12）玻璃杯。右手大拇指与食指提杯身，其他手指自然弯曲，左手呈兰花指状并用中指托住杯底，如图 2—49 所示。

（13）泡茶器。方法一：右手大拇指与食指提内杯杯沿，其他手指自然弯曲，将内杯置于倒扣的杯盖内，如图 2—50 所示。

图 2—49　玻璃杯

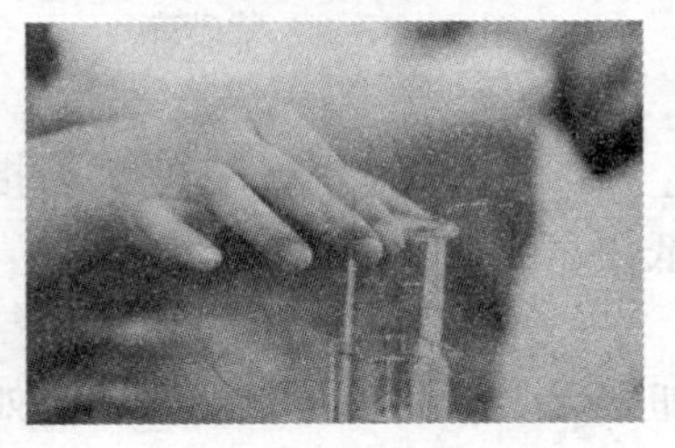

图 2—50　泡茶器

方法二：右手大拇指与食指、中指握外杯杯耳，其他手指自然弯曲，如图 2—51 所示。

（14）无把盅（有盖）。右手大拇指与中指握盅沿，食指按盅钮，其他手指自然弯曲，如图 2—52 所示。

图 2—51　泡茶器

图 2—52　无把盅（有盖）

（15）无把盅（无盖）。右手大拇指与食指、中指握盅沿，其他手指自然弯曲，如图 2—53 所示。

（16）无把盅（有耳）。右手大拇指与食指、中指握盅耳，其他手指自然弯曲，如图 2—54 所示。

图 2—53　无把盅（无盖）

图 2—54　无把盅（有耳）

（17）有把盅。方法一：右手大拇指与食指捏盅柄，中指轻靠盅柄，其他手指自然弯曲，如图 2—55 所示。

方法二：右手食指勾盅柄、大拇指按住盅柄外侧上方、中指抵住盅柄外侧下方，其他手指自然弯曲，如图 2—56 所示。

（18）赏茶荷。左手虎口撑开，大拇指与食指、中指握住茶荷外壁，其他手指自然弯曲，如图 2—57 所示。

（19）品茗杯（有柄）：右手大拇指与食指相搭勾住杯柄、中指托住杯柄下方，其他手指自然弯曲，如图 2—58 所示。

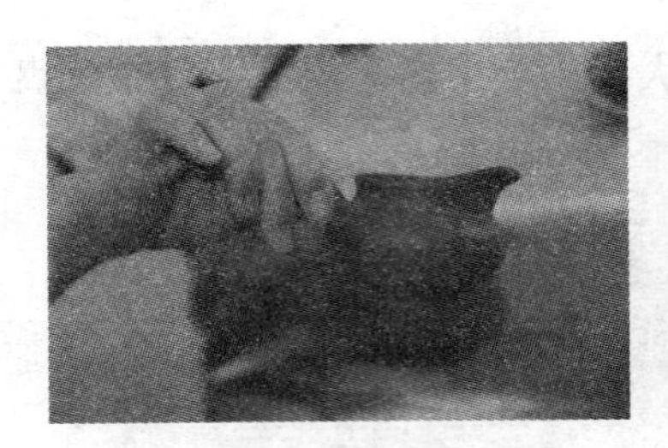

图 2—55　有把盅（方法一）

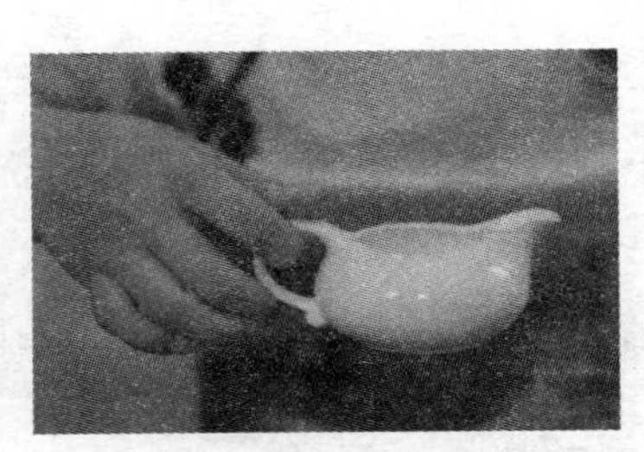

图 2—56　有把盅（方法二）

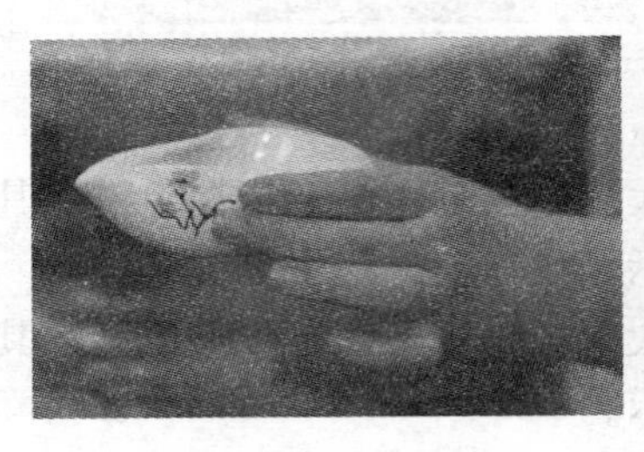

图 2—57　赏茶荷

图 2—58　品茗杯（有柄）

（20）品茗杯（无柄）：右手大拇指与食指握杯沿，中指托住杯底，其他手指自然弯曲，如图 2—59 所示。

（21）闻香杯。方法一：右手大拇指、食指、中指竖直持杯，其他手指自然弯曲，如图 2—60 所示。

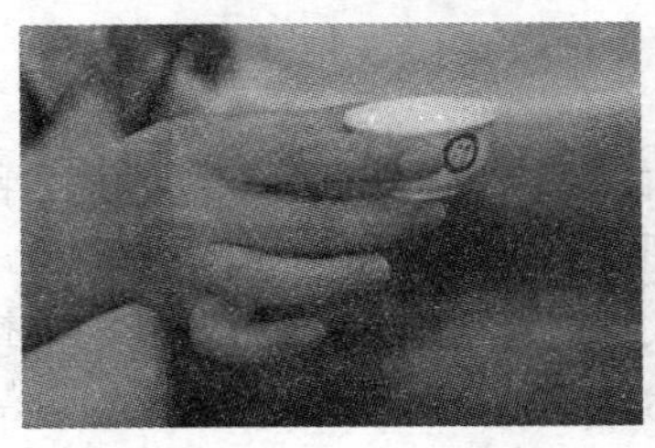

图 2—59　品茗杯（无柄）

图 2—60　闻香杯（方法一）

方法二：双手掌心相对，手指呈兰花指状，捧杯于手掌心，如图 2—61 所示。

（22）茶漏。右手虎口撑开，大拇指与食指、中指持茶漏外沿，其他手指自然弯曲，如图 2—62 所示。

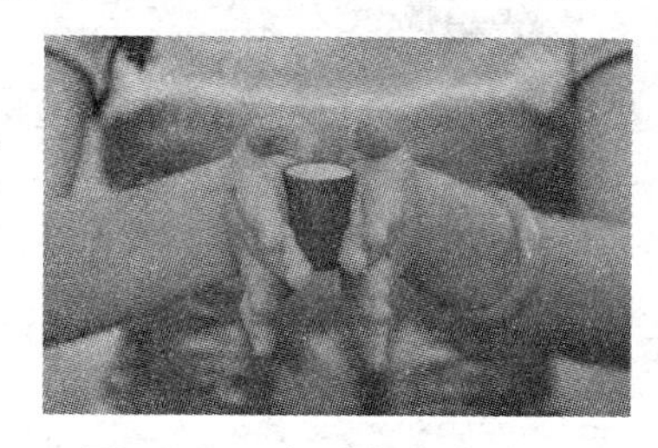

图 2—61　闻香杯（方法二）

图 2—62　茶漏

（23）茶斗。右手大拇指与食指、中指持茶斗 1/3 处，其他手指自然弯曲，如图 2—63 所示。

（24）茶夹。右手大拇指与食指、中指持茶夹 2/3 处，其他手指自然弯曲，如图 2—64 所示。

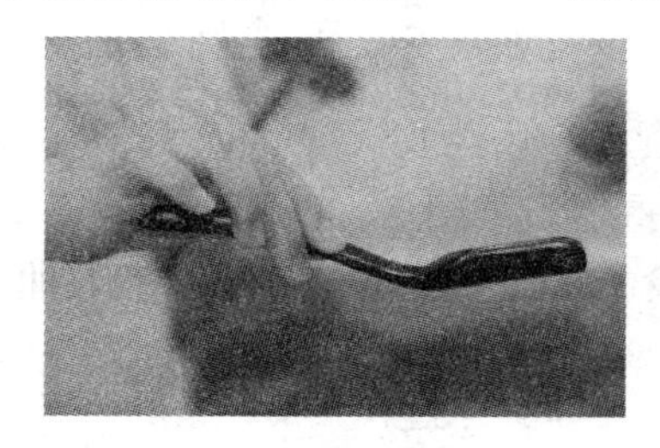

图 2—63　茶斗

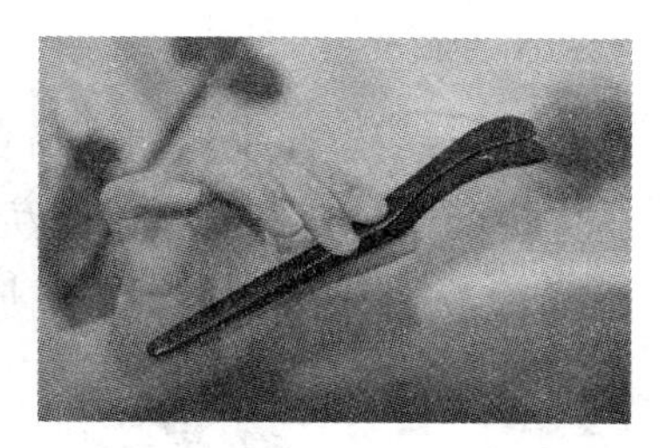

图 2—64　茶夹

（25）茶匙。右手大拇指与食指、中指持茶匙 1/2 处，其他手指自然弯曲，如图 2—65 所示。

（26）茶针。右手大拇指与食指、中指持茶针 1/3 处，其他手指自然弯曲，如图 2—66 所示。

（27）杯托。双手虎口撑开、掌心向下，用大拇指与食指、中指持杯托两端，如图 2—67 所示。

（28）茶罐。双手掌心相对捧取，如图 2—68 所示。

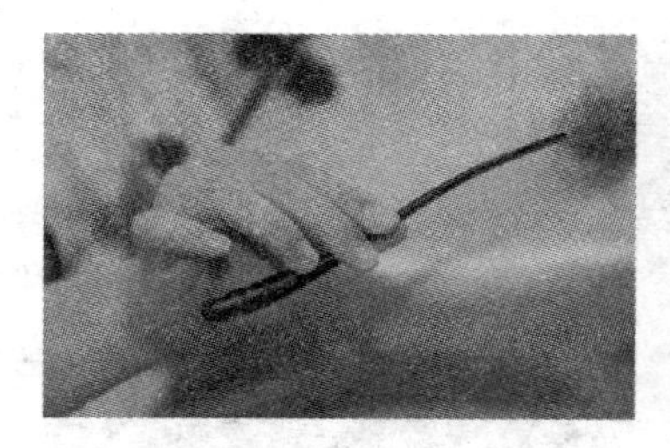

图 2—65　茶匙

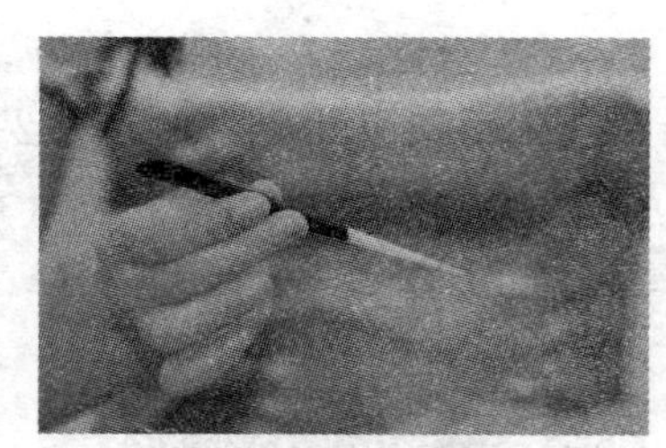

图 2—66　茶针

图 2—67　杯托

图 2—68　茶罐

（29）开盖。左手大拇指与食指、中指握住茶罐，右手大拇指与中指握盖沿、食指抵住上方揭盖，如图 2—69 所示。

（30）茶滤。右手大拇指与食指捏滤柄，其他手指自然弯曲，如图 2—70 所示。

图 2—69　开盖

图 2—70　茶滤

（31）茶洗。双手捧取，如图 2—71 所示。

（32）奉茶盘。双手端取，即两手中指托盘底，食指轻靠盘沿，大拇指按盘沿上方端起奉茶盘，如图 2—72 所示。

图 2—71　茶洗

图 2—72　奉茶盘

2. 男士握拿器具手法

（1）提梁壶。右手掌心向内、四指并拢与大拇指提壶横梁 1/3 处，左手呈半握拳状扣在桌沿，双手与肩同宽，如图 2—73 所示。

（2）侧提壶。右手掌心向内、四指并拢与大拇指提壶把，左手呈半握拳状扣在桌沿，双手与肩同宽，如图 2—74 所示。

图 2—73　提梁壶

图 2—74　侧把壶

（3）侧把壶。右手掌心向内、四指并拢持壶把、大拇指按壶钮，左手呈半握拳状扣在桌沿，双手与肩同宽，如图 2—75 所示。

（4）三才杯。左手掌心向内持杯托，右手四指并拢，大拇指、食指与中指提盖钮，如图 2—76 所示。

（5）盖碗。右手掌心向内下，虎口撑开，大拇指与中指持杯沿，食指按盖钮，左手呈半握拳状扣在桌沿，双手与肩同宽，如图 2—77 所示。

图 2—75　侧提壶

图 2—76　三才杯

（6）紫砂壶。方法一：右手掌心向下，拇指与中指握壶把，食指按住壶钮、无名指与小指收拢弯曲，如图 2—78 所示。

图 2—77　盖碗

图 2—78　紫砂壶（方法一）

方法二：右手掌心向内，大拇指按壶钮，食指握勾住壶把，中指抵住壶把下方，无名指与小指收拢弯曲，如图 2—79 所示。

（7）玻璃杯。右手四指并拢，与大拇指一起握拿玻璃杯 1/2 处，如图 2—80 所示。

图 2—79　紫砂壶（方法二）

图 2—80　玻璃杯

（8）无把盅（有盖）。右手大拇指与中指握盅沿，食指按盅钮，其他手指并拢弯曲，如图 2—81 所示。

（9）茶杯。右手掌心向内，大拇指与食指握杯沿，中指托住杯底，其他手指并拢弯曲，如图 2—82 所示。

图 2—81　无把盅（有盖）

图 2—82　茶杯

三、常用器具的使用方法

1. 注水方式

（1）单手回转冲泡法。右手提开水壶，手腕逆时针转动，提腕后再压腕低斟断流收水，水流沿盖碗口（茶壶口）内壁冲入盖碗（茶壶）内，如图 2—83 所示。

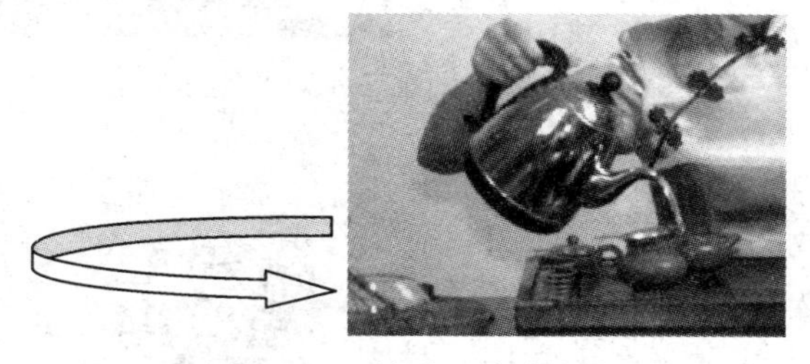

图 2—83　单手回转冲泡法

（2）双手回转冲泡法。左手食指与中指轻搭在壶钮，右手提开水壶，手腕逆时针转动，提腕后再压腕低斟断流收水，令水流沿盖碗口（茶壶口）内壁冲入盖碗（茶壶）内。此方法适合于茶艺表演，如图 2—84 所示。

（3）凤凰三点头冲泡法。左手食指与中指轻搭在壶钮，右手

图 2—84　双手回转冲泡法

提开水壶，靠近茶杯口注水，提腕后再压腕注水，如此反复 3 次，再提腕断流收水，3 次中间不可断流，应连续。此做法一般适用于绿茶的冲泡方式之凉水或注水，再次降低水温，如图 2—85 所示。

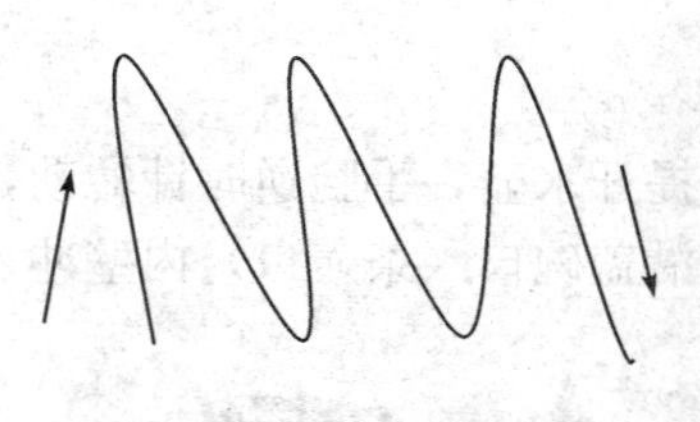

图 2—85　凤凰三点头冲泡法

（4）45°冲泡法。右手提开水壶，提腕对准盖碗口（茶壶口）内壁 45°冲入盖碗（茶壶）内后断流收水。此方法男士尤为常用，如图 2—86 所示。

图 2—86　45°冲泡法

2. 温盖碗、茶盅、杯方法

（1）温盖碗方法。左手中指轻贴在碗盖的凹处，拇指与中指在盖钮的两边，轻轻拨动碗盖，右手虎口张开，大拇指与食指中指拿起碗，由上而下用碗内的水再次冲烫盖的内侧，把剩余的水倒入茶盅，如图 2—87、图 2—88 所示。

图 2—87　温盖碗

图 2—88　倒水

（2）温茶盅方法。左手拿起过滤网，右手拿茶盅，做逆时针运动，使水均匀烫到茶盅内每一部位，然后烫洗过滤网，把剩余的水倒入品茗杯中，如图 2—89、图 2—90 所示。

图 2—89　洗过滤网

图 2—90　倒水

（3）杯扣杯烫洗方法。右手拿茶夹轻轻夹住杯子，通过一紧一松滚动杯子，依次烫洗，最后一只杯子的水不能往回倒，应通过壶里的水进行烫洗（若品茗杯经过消毒，只要将开水倒入杯中，逆时针轻摇一下即可，不用杯扣杯洗法），如图 2—91、图 2—92 所示。

3. 温壶烫杯

（1）温壶

1）淋壶：用水壶的开水逆时针往壶盖淋一圈（见图 2—93）。

2）揭盖：右手拇指、食指、中指捏住壶钮，无名指与小指

图 2—91　杯扣杯

图 2—92　烫杯

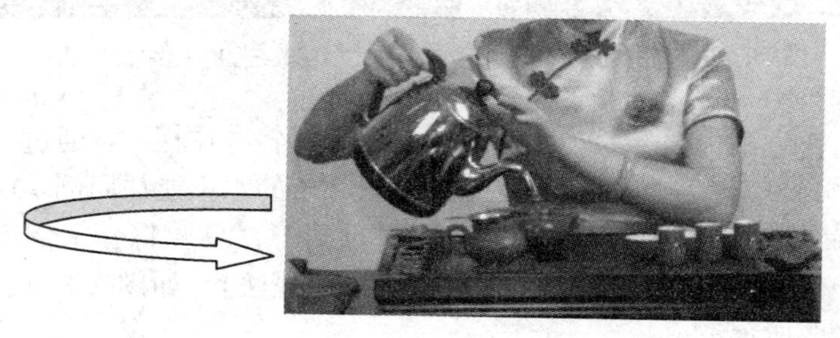

图 2—93　淋壶

稍弯曲，逆时针方向把壶盖呈弧形方向移至右边的盖置上，如图 2—94 所示。

3）注水：采用单手回转冲泡法注水 1/2 即可，如图 2—95 所示。

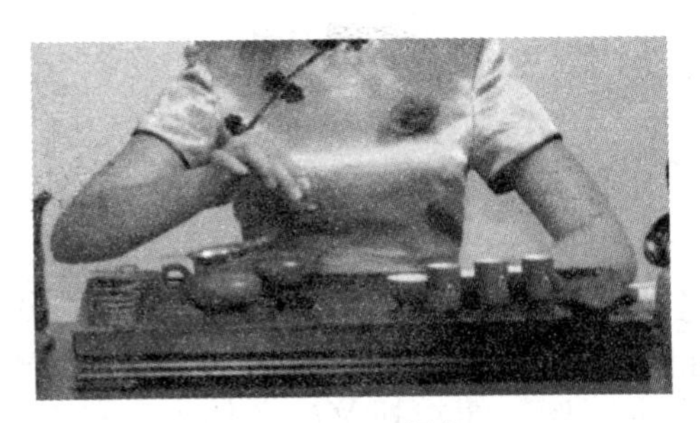

图 2—94　揭盖

图 2—95　注水

4）摇壶：右手持壶，左手轻护壶底，双手协调按逆时针方向转动手腕如滚球式动作进行摇壶，令茶壶壶身各部分充分接触开水，如图 2—96 所示。

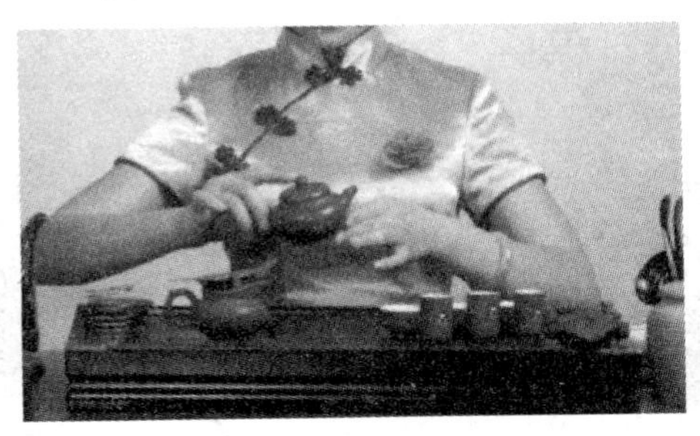

图 2—96　摇壶

★小提示

若觉得烫手左手可垫茶巾。

（2）烫茶盅。洗茶滤：左手拿起过滤网，右手拿茶盅，做逆时针运动，使水均匀烫到茶盅内每一部位，烫洗过滤网。倒水：把茶盅剩余的水依次倒入闻香杯及品茗杯中，如图 2—97、图 2—98 所示。

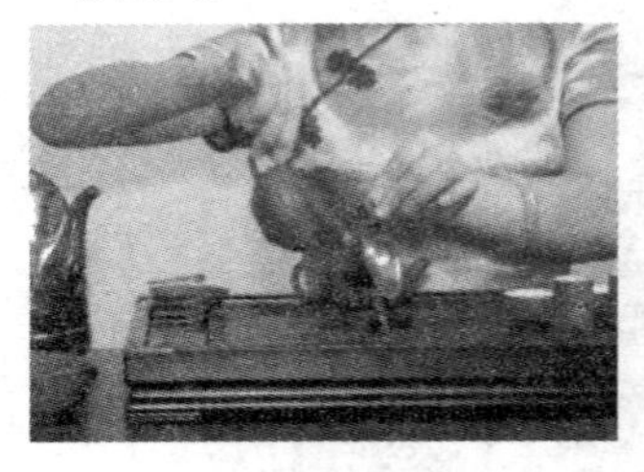

图 2—97　洗茶滤

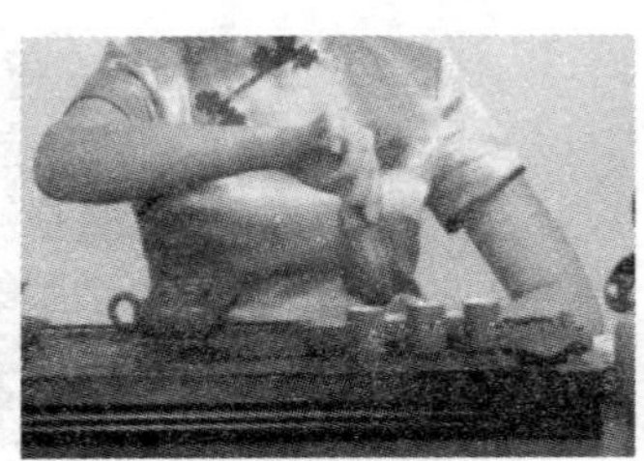

图 2—98　倒水

（3）烫闻香杯及品茗杯方法。摇杯时双手虎口撑开，拇指与食指、中指拿起闻香杯中间用双手内旋的方式进行摇杯，使开水均匀烫到杯里的每一个部位，如图 2—99 所示。然后将闻香杯温杯的水依次倒入品茗杯中，并将其倒扣在品茗杯中向左倾斜，如图 2—100 所示。

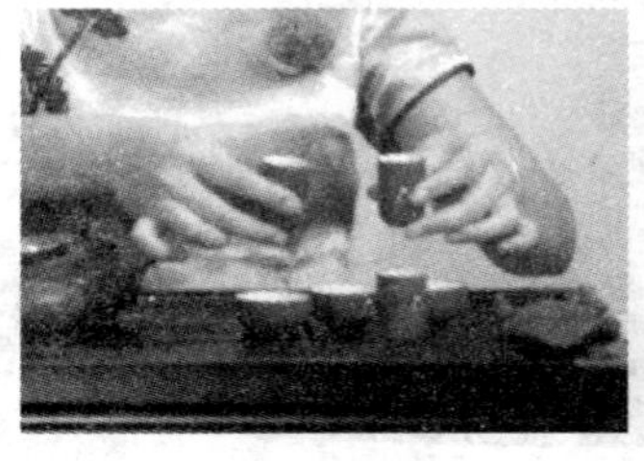

图 2—99　摇杯

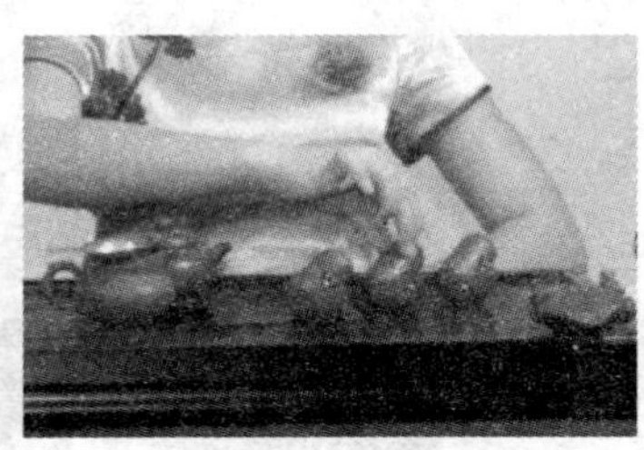

图 2—100　置杯

洗闻香杯采用双手回旋洗法。双手的拇指与中指、食指抓住闻香杯的基部 1/3 处，无名指与小指自然弯曲，即左手顺时针，右手逆时针转动杯子，如图 2—101 所示。

品茗杯采用杯扣杯洗法。若消毒过的杯子直接轻摇一下即可，如图 2—102 所示。

图 2—101　双手回旋洗法

图 2—102　杯扣杯洗法

小知识

1. 新的紫砂壶要进行开壶才能使用。即先用开水烫一遍，然后根据壶选配的茶类，取 20 克该茶类放入锅内与紫砂壶同煮半个小时，出锅后再用开水烫洗一次晾干备用。

2. 做到天天养壶，用温润泡的茶汤或茶渣进行养壶，并进行清洗晾干备用。

4. 烫玻璃杯方法

（1）烫杯方法一。注水：右手提壶往玻璃杯内注水，即沿杯沿逆时针绕一圈。如图 2—103 所示。倒水：左手拇指、中指、食指握住杯基部，右手虎口分开，拇指、中指、食指握住杯的 1/3 处，直接把水倒入水盂中，此方法既简单又干净，做到内外都烫到，如图 2—104 所示。

（2）烫杯方法二。注水：右手提壶往玻璃杯中注水至杯的

图 2—103　注水

图 2—104　倒水

1/4，如图 2—105 所示。倒水：左手拇指、中指、食指握住杯基部，右手虎口分开，拇指、中指、食指握住杯的 1/3 处，左手转动玻璃杯一圈然后把水倒入水盂中，如图 2—106 所示。

图 2—105　注水

图 2—106　倒水

（3）烫杯方法三。注水：右手提壶往玻璃杯中注水至杯的 1/4。转杯：右手虎口分开，拇指、中指、食指握住杯的 1/3 处，左手食指、中指轻托杯的基部，逆时针转动杯子一圈，使杯中的水均匀烫到杯的每一个部位，如图 2—107 所示。倒水：左手拇指、中指、食指握住杯基部，右手虎口分开，拇指、中指、食指握住杯的 1/3 处，直接把水倒入水盂。

5. 三种投茶方式

（1）下投法。先将茶置入杯中，然后往杯里一次性冲水至七分满。（以黄山毛峰为例）投茶时左手拿茶荷，右手拿茶匙把茶叶拨入杯中；采用凤凰三点头的方法往杯中注水至七分满即可，如图 2—108、图 2—109 所示。

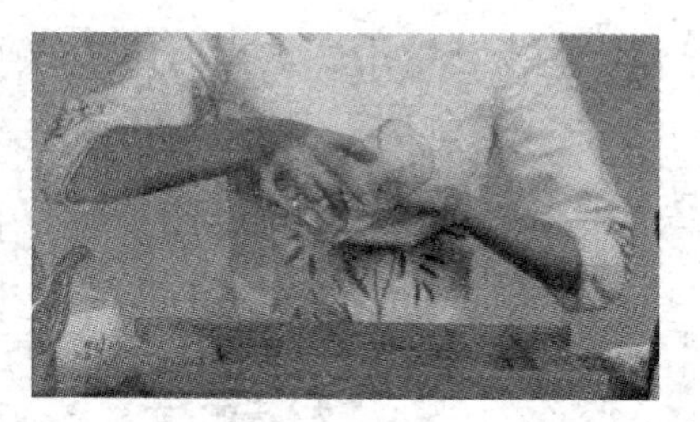

图 2—107　转杯

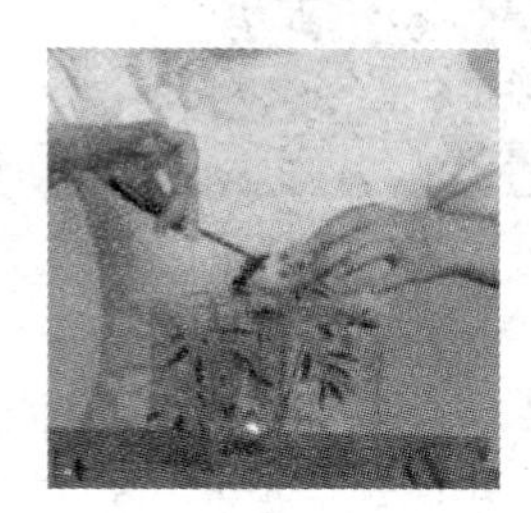

图 2—108　投茶

图 2—109　注水

（2）中投法：先往杯中注入开水至杯容量的 1/3，接着投茶于杯中，摇杯后稍停片刻，待干茶吸收水分舒展时再冲水至七分满。或先投茶于杯中，再注 1/3 开水，然后润茶，最后再注水至七分满即可。（以六安瓜片为例）操作程序：注水—投茶—润茶—再次注水。

采用单手回转注水法注水 1/3，如图 2—110 所示；左手拿茶荷，右手拿茶匙把茶叶拨入杯中，如图 2—111 所示。

图 2—110　注水 1/3

图 2—111　投茶

双手虎口分开，拇指与中指、食指抓住杯的1/3处，逆时针转动杯子一圈，使干茶充分吸收水分，如图2—112所示。采用凤凰三点头的方法往杯中注水至七分满即可，如图2—113所示。

图2—112　润茶

图2—113　再注水

（3）上投法。先将开水注入杯中约七分满，然后投茶。（以碧螺春为例）操作程序：注水—投茶。如图2—114、图2—115所示。

图2—114　注水七分满

图2—115　投茶

小知识

碧螺春、午子仙毫、都匀毛尖等极细嫩的名优绿茶宜采取上投法，六安瓜片、黄山毛峰、太平猴魁等紧结重实的或比较松展及有鱼叶保护的名优绿茶宜选用中投法或下投法。

6. 茶巾折叠法

方法一：先将茶巾左右各折 1/4，再把茶巾上下各折 1/4，最后再将茶巾对折呈八层，如图 2—116 所示。

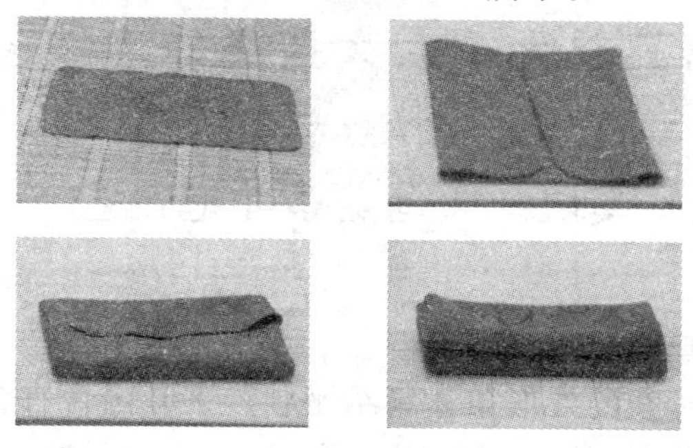

图 2—116　八层折法

方法二：先将茶巾于 1/3 处对折，再将另外 1/3 折起，呈三层；再以相同的方法将另两个方向的折好，使茶巾呈九层，如图 2—117 所示。

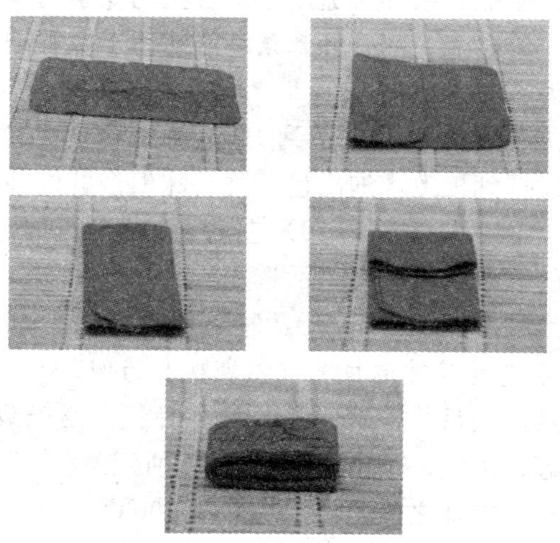

图 2—117　九层折法

第三单元 六大茶类冲泡技艺

模块一 乌龙茶冲泡技艺

一、茶具选配

乌龙茶干茶的外形条索紧结肥壮，茶叶内含有各种营养成分，冲泡后香高而持久，醇厚甘甜，回味无穷。要想领略乌龙茶的真香和妙韵，其器具的选择很讲究。

选配一：白色瓷质盖碗、茶杯（适用于清香型、韵香型乌龙茶）。

选配二：瓷壶、茶杯（适用于韵香型乌龙茶）。

选配三：紫砂壶、闻香杯、茶杯（适用于浓香型乌龙茶）。

二、水温、茶水比例

1. 冲泡乌龙茶水温要求达到100℃沸水，只有这样，才能使茶的内质美发挥到极致，泡出色、香、味俱全的好茶。

2. 茶水比例：1∶（15～20）左右。根据不同器具容量、茶叶品种、人的饮茶习惯进行灵活选用。

三、冲泡程序

1. 清香型乌龙茶冲泡技艺（以铁观音为例）

（1）备具。茶盘、盖碗、品茗杯、杯托、赏茶碟、煮水器、茶道组、茶罐、水盂、茶巾，如图3—1所示。

（2）备水。烫杯之前先将水烧开至100℃。

（3）烫杯。烫杯程序：烫盖碗—烫茶盅—烫茶杯，如图3—2至图3—4所示。

图 3—1　备具

图 3—2　烫盖碗

图 3—3　烫茶盅

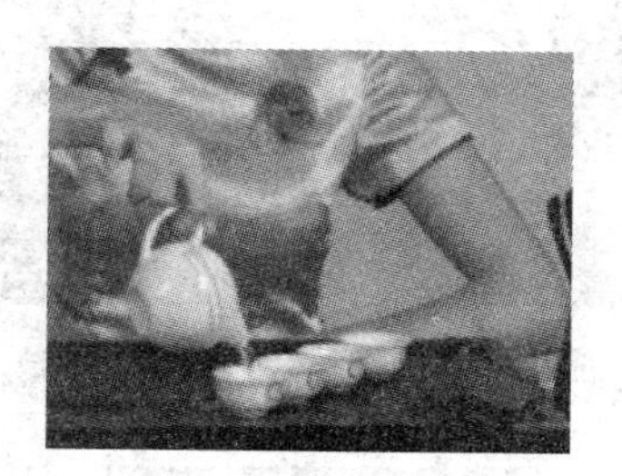

图 3—4　烫茶杯

★小提示

冲泡乌龙茶要求水、器双高，才能发挥乌龙茶的真香本色。在开泡前要先用开水淋壶烫杯，以提高器皿的温度。若品茗杯是经过消毒的，只要将开水倒入杯中，轻摇一下即可，不用杯扣杯洗法。

(4) 投茶。投茶程序：揭盖—取茶（用剪刀解袋）—投茶，如图 3—5、图 3—6 所示。

图 3—5　取茶

图 3—6　投茶

(5) 润茶。润茶又称为温润泡。操作程序：注水—刮沫—出汤，如图 3—7 至图 3—9 所示。

图 3—7　注水

图 3—8　刮沫

图 3—9　出汤

★小提示

刮沫：右手提壶，左手拿杯盖由外向内轻轻拨去表面的泡沫，再用壶里的水烫洗附在盖内侧的泡沫。

出汤：采用三龙护鼎手法，即右手食指轻靠钮凹处，拇指与中指分别轻靠盖碗边沿的两侧，盖碗左侧中间留一定的缝隙，刚好“三点一条线”，这样才不会烫着手。

（6）再次注水。再次往盖碗里注入沸水，如图 3—10 所示。

（7）闻香。热嗅茶叶香气。（见图 3—11）

图 3—10　再次注水

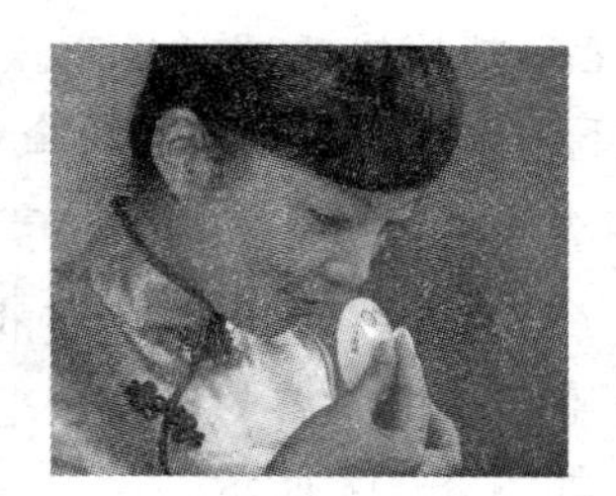

图 3—11　闻香

★小提示

闻香时拿起碗盖在鼻子下端深呼吸，不能超过三秒，闻香时不能说话，碗盖移开方能吐气。

（8）出汤。出汤操作程序：沾巾—出汤，如图 3—12、图 3—13 所示。

图 3—12　沾巾

图 3—13　出汤

★小提示

出汤时先将盖碗杯底残余的水吸干，然后轻靠茶盅边沿逆时针绕两圈，提高盖碗并压低，等待断流时轻点三下，把碗内残余的茶汤全部倒入茶盅。

（9）分茶。先将茶盅底的残余水吸干后依次分入各只茶杯，七分满即可，如图 3—14 所示。

图 3—14　分茶

（10）奉茶。奉茶操作程序：沾巾—奉茶，如图 3—15、图 3—16 所示。

图 3—15　沾巾

图 3—16　奉茶

★小提示

用茶夹提杯奉茶时先用开水烫洗茶夹轻扣一下，轻夹茶杯后将杯底残余的水吸干，再奉茶，并出示伸掌礼。奉茶次序一般从左到右，女士、老人、小孩、上级领导优先。

（11）品饮。品饮时分三口细品慢啜，品完也可闻杯底香，如图 3—17 所示。

图 3—17　品饮

★小提示

品饮时右手拇指与食指轻靠杯的两侧，中指托住杯圈，分三口细品慢饮。乌龙茶一般可以冲泡五至六道，第一道一般 40 秒至 1 分钟，往后每一道时间顺延 10 秒至 20 秒，操作步骤一样。

（12）净具。清洗茶具并进行消毒，整理茶桌，重新布置茶桌，摆放好各种器具。

2. 浓香型乌龙茶冲泡技艺（以武夷岩茶为例）

（1）备具。茶盘、紫砂壶、品茗杯、闻香杯、杯托、赏茶碟、煮水器、茶道组、茶罐、水盂、茶巾，如图 3—18 所示。

图 3—18　备具

（2）备水。温壶烫杯之前先将水烧开至 100℃。

（3）温壶烫杯。操作程序：淋壶—温壶—温茶盅—温茶杯，如图 3—19 至图 3—22 所示。

图 3—19　淋壶

图 3—20　温壶

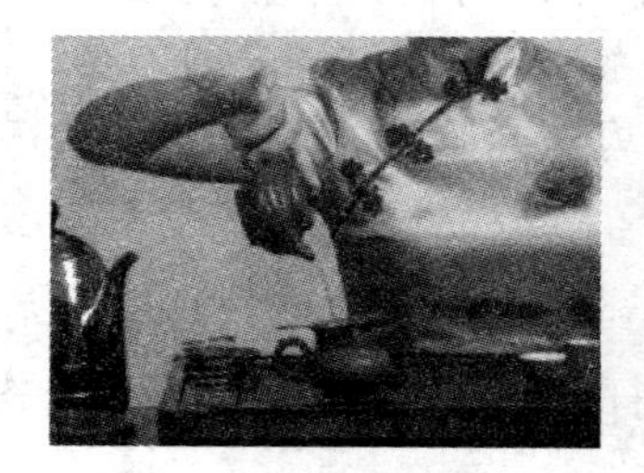

图 3—21　温茶盅

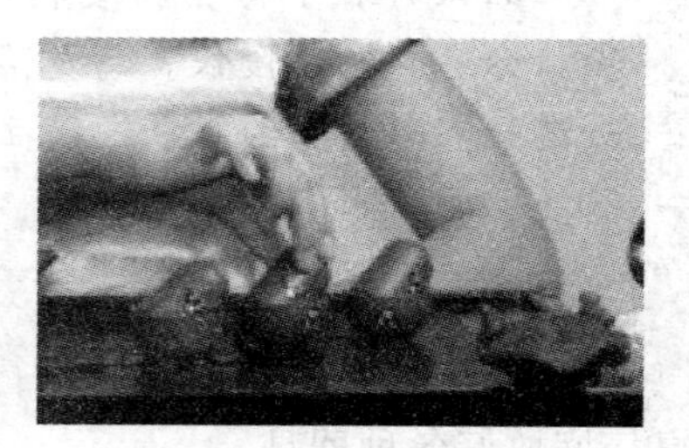

图 3—22　温茶杯

（4）投茶。操作程序：揭盖—投茶，如图 3—23、图 3—24 所示。

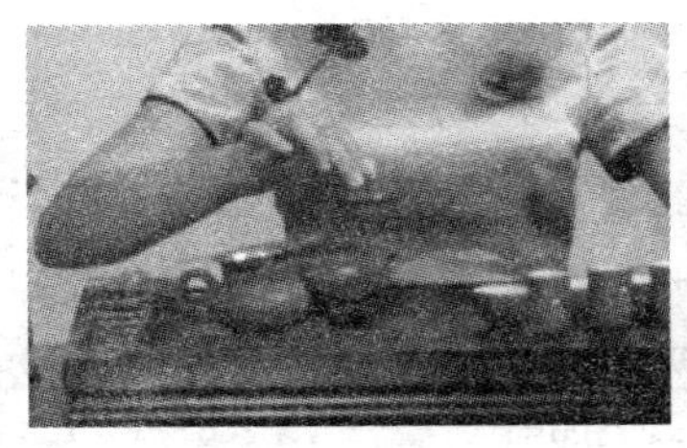

图 3—23　揭盖

图 3—24　投茶

★小提示

散茶和袋泡茶（可用剪刀剪开包装袋）把茶叶装入茶荷，并将茶漏放置于紫砂壶口，然后投茶。岩茶投茶量为壶体积的 2/3 左右。

（5）润茶（也称温润泡）。操作程序：注水—刮沫—出汤，如图 3—25 至图 3—27 所示。

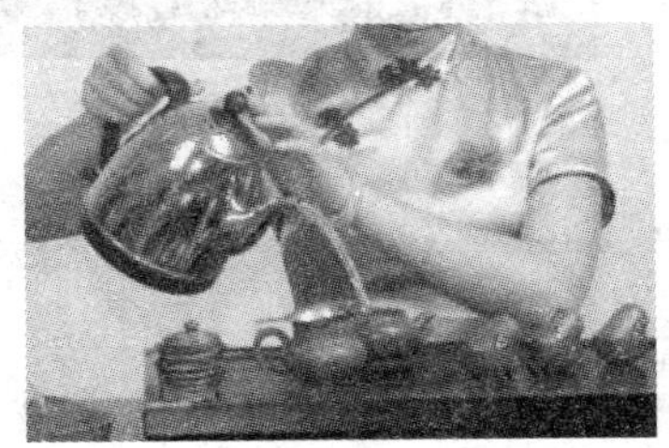

图 3—25　注水

图 3—26　刮沫

图 3—27　出汤

★小提示

刮沫：右手持壶，左手拿起盖沿壶口逆时针绕一圈，刮掉上面的泡沫，并用水壶的水烫洗壶盖。

出汤：右手持壶逆时针绕两圈后提壶再压低后停留片刻，待壶中的茶汤断流后轻点一下即可。

（6）再次注水。再次往壶中注入沸水。

（7）淋壶烫杯。操作程序：淋壶—烫杯，如图 3—28、图 3—29 所示。

图 3—28　淋壶

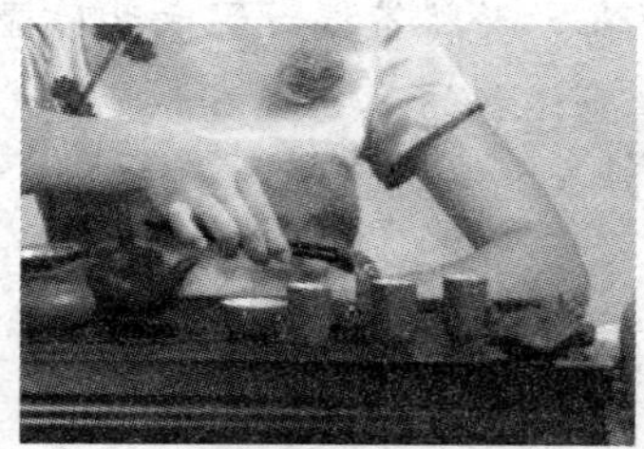

图 3—29　烫杯

★小提示

淋壶：用温润泡的茶汤沿壶盖至壶钮逆时针淋紫砂壶，既可提高壶温使内外温度一致，又可达到养壶的效果。

烫杯：烫洗品茗杯采用杯扣杯洗法。若品茗杯经过消毒的，直接轻摇一下即可。

（8）出汤。操作程序：沾巾—出汤，如图 3—30、图 3—31 所示。

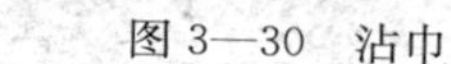

图 3—30　沾巾

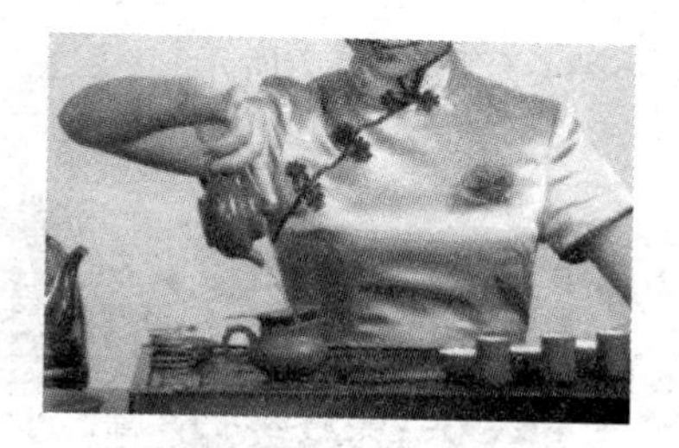

图 3—31　出汤

★小提示

紫砂壶、茶盅倒茶汤及分茶前应将壶底、盅底的残余水吸干。

（9）分茶。操作程序：沾巾—分茶，如图 3—32、图 3—33 所示。

图 3—32　沾巾

图 3—33　分茶

★小提示

茶盅的茶汤依次分入闻香杯中，五分满即可，倒入茶杯刚好七分满。

（10）奉茶。操作程序：扣杯—倒放—翻杯—奉茶，如图

3—34 至图 3—37 所示。

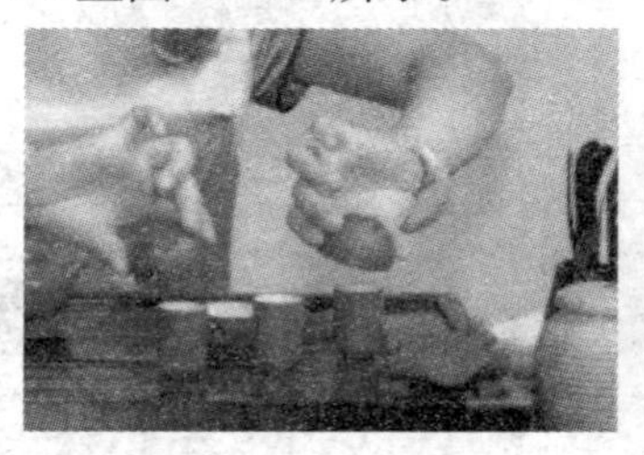

图 3—34　扣杯

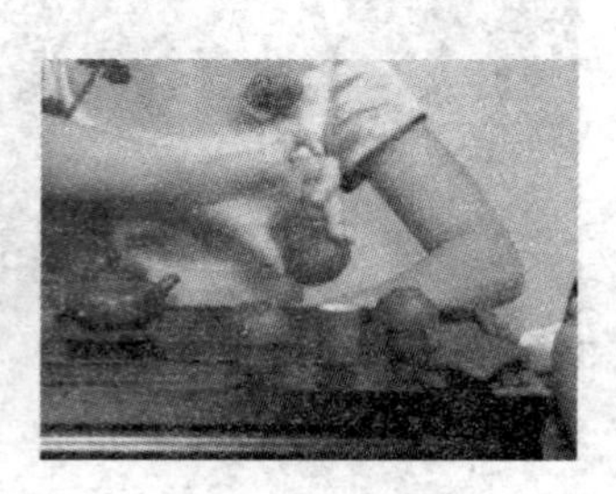

图 3—35　倒放

图 3—36　翻杯

图 3—37　奉茶

★小提示

扣杯：双手拿起品茗杯先将残余水扣干。

倒放：品茗杯倒放于闻香杯前，先将品茗杯杯底残余水吸干后倒放于闻香杯。

翻杯：食指和中指夹住闻香杯中部，拇指按住品茗杯圈，先将闻香杯杯底残余水吸干后向上翻转，不宜过高。

奉茶：双手虎口张开，由拇指与食指、中指端取杯托，奉给客人，并出示伸掌礼。

（11）闻香。操作程序：提杯—闻香，如图 3—38、图 3—39 所示。

图 3—38　提杯

图 3—39　闻香

★小提示

提杯：右手拇指与食指、中指拿住闻香杯基部，提杯沿品茗杯边沿从六点钟顺时针绕一圈，将闻香杯的茶汤刮干净以利于闻香。

闻香：女士建议单手闻香，右手拇指与食指、中指拿住闻香杯基部在鼻子下端深呼吸。男士双手闻香，将闻香杯双手捧于手掌心，并做缓慢滚动靠近鼻子深呼吸，此法可通过手掌心的温度，利于闻香杯散发出香气。

（12）品饮。品饮时分三口细品慢啜，如图 3—40 所示。

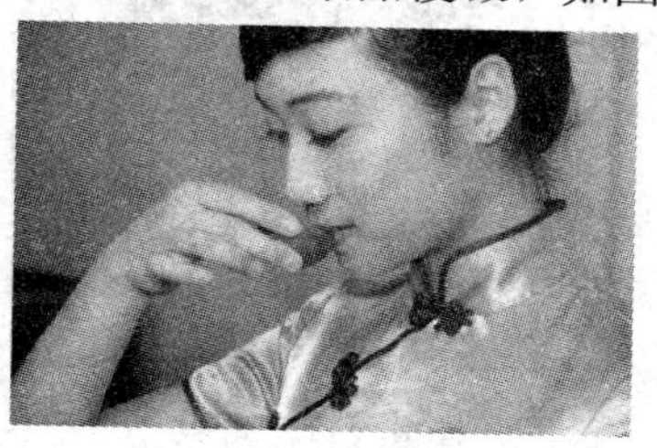

图 3—40　品饮

（13）净具。清洗茶具并进行消毒，整理茶桌，重新布置茶桌摆放好各种器具。

模块二　绿茶冲泡技艺

一、茶具选配

绿茶造型独特，茶叶中维生素 C 含量丰富。冲泡宜选用传热速度较快的玻璃器具，这样既可以保留其营养价值又可观赏绿茶的独特茶姿。

选配一：细嫩名优绿茶，选用精美透明玻璃杯。

选配二：大宗绿茶，选用玻璃壶、飘逸杯、瓷壶、盖碗等。

二、水温、茶水比例

1. 冲泡细嫩名优绿茶水温要求达到 80～85℃，特别细嫩的碧螺春宜选用 75～80℃，大宗绿茶水温要求达到 85～90℃。

2. 茶水比例：1∶50 左右。根据不同器具容量、茶叶品种、人的饮茶习惯可进行灵活调配。

三、冲泡程序（以黄山毛峰为例，采用玻璃杯泡法）

（1）备具。茶盘、玻璃杯、赏茶碟、煮水器、茶道组、茶罐、水盂、茶巾，如图 3—41 所示。

图 3—41　备具

（2）备水。

（3）温杯。操作程序：注水—温杯，如图 3—42、图 3—43 所示。

图 3—42　注水

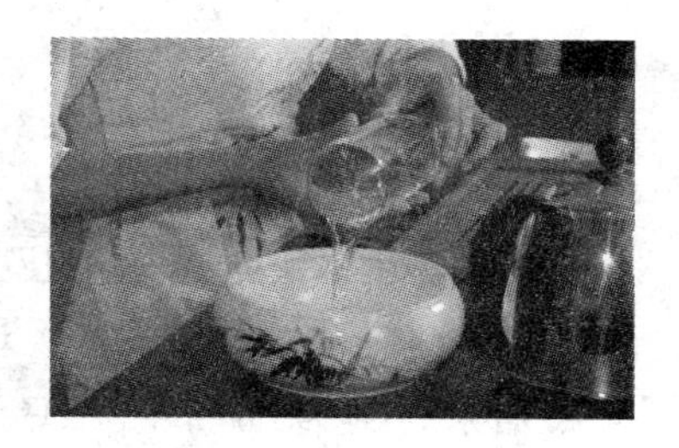

图 3—43　温杯

注水与温杯方法与前述的烫玻璃杯方法相同。

（4）凉水。操作方法：可先准备冷开水，然后再加入开水，既快速又简便。

（5）投茶。采取下投法。操作程序：投茶—注水，注水方式采用凤凰三点头，如图 3—44、图 3—45 所示。

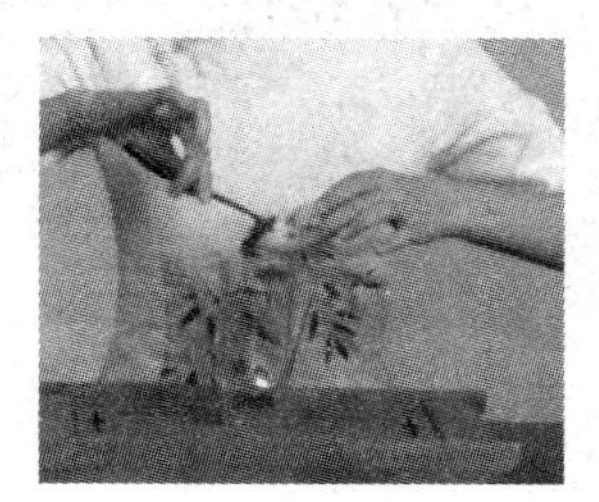

图 3—44　投茶

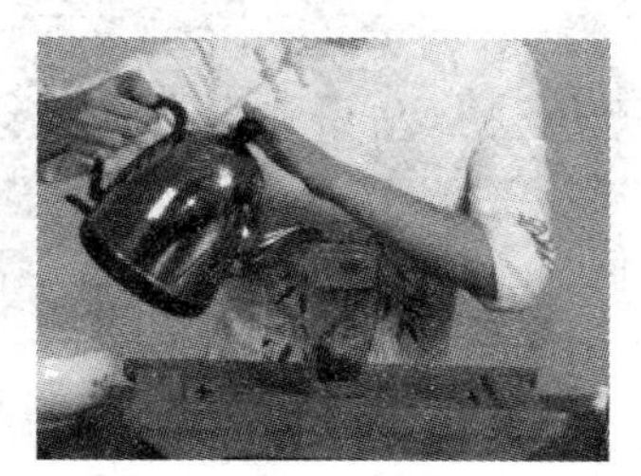

图 3—45　注水

（6）奉茶。操作程序：沾巾—奉茶，如图 3—46、图 3—47 所示。

（7）品饮。

（8）净具。

注：应注意续水技巧和讲解引导。

绿茶一般只冲泡三道。第一道称为“头开茶”，品“头开茶”除了引导客人目品“杯中茶舞”之外，应着重引导客人细啜慢品，去品味鲜嫩的茶香和鲜爽的茶味。“头开茶”，饮至尚余1/3杯时，就要及时续水，即再冲入开水至七分满。太迟续水会使“二开茶”茶汤淡而无味。品“二开茶”时，茶汤最浓，这时应注意引导客人去体会舌底涌泉、齿颊留香、满口回甘、身心舒畅的妙趣。“二开茶”饮剩小半杯时即应再次续水，一般绿茶到第三次冲水基本上都淡薄无味了，这时可佐以茶点，以增茶兴。

图3—46　沾巾

图3—47　奉茶

模块三　红茶冲泡技艺

一、茶具选配

工夫红茶条索紧细，具有独特的清鲜持久的香味，冲泡后汤色红艳明亮，玻璃壶为最佳选择，或选用精美的细瓷壶和细瓷杯组合，这样的组合比较温馨并富有情趣，充分展示其内质美。而正山小种滋味浓厚甜醇，有特殊的松烟香，宜选用紫砂壶，能除去浓郁的松烟香，使香气幽雅持久，滋味更加甜醇。红碎茶有叶茶、碎茶、片茶、末茶，适合选飘逸杯、瓷壶等大壶冲泡后进行调和，分入玻璃杯品饮。

茶具选用：玻璃壶、瓷壶、飘逸杯等。

二、水温、茶水比例

1. 一般红茶采用初沸的水，但金骏眉宜用 80～85℃的水。

2. 投茶量以每杯（200 毫升的标准杯）3～5 克为宜。可根据客人多少来计量。但是用壶冲泡红茶时，一壶的投茶量最少也应达到 5 克，如果茶叶太少，即使少冲水也无法充分发挥出红茶的香醇味。

三、冲泡程序

1. 红茶清饮冲泡技艺（玻璃壶）

（1）备具。茶盘、玻璃壶、赏茶碟、玻璃茶杯、煮水器、茶道组、茶罐、水盂、茶巾，如图 3—48 所示。

图 3—48　备具

（2）备水。

（3）温壶烫杯。操作程序：注水—摇壶—烫茶滤—温杯，如图 3—49 至图 3—52 所示。

（4）投茶。操作程序：置茶漏—投茶，如图 3—53、图 3—54 所示。

（5）润茶。操作程序：注水—润茶（快速出汤）—润杯，如图 3—55 至图 3—57 所示。

图 3—49　注水

图 3—50　摇壶

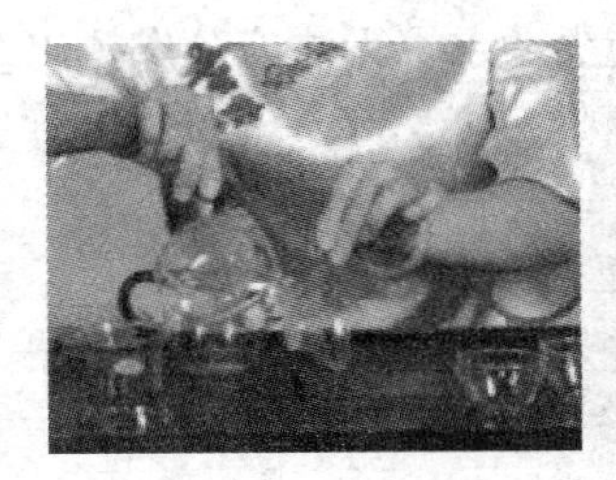

图 3—51　烫茶滤

图 3—52　温杯

图 3—53　置茶漏

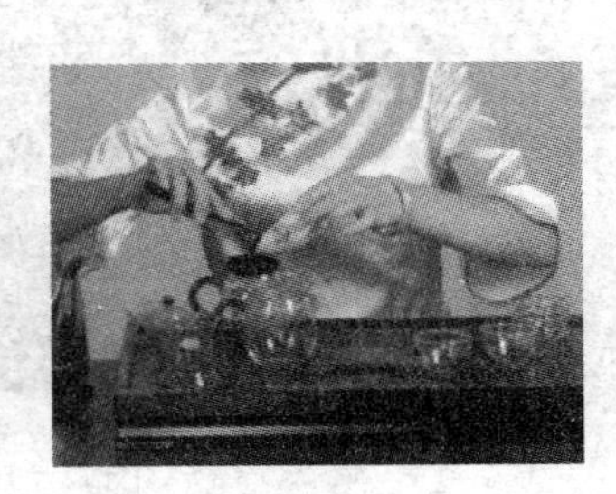

图 3—54　投茶

图 3—55　注水

图 3—56　润茶

（6）再次注水。

（7）出汤，如图 3—58 所示。

图 3—57　润杯

图 3—58　出汤

（8）分茶。操作程序：沾巾—分茶，如图 3—59、图 3—60 所示。

图 3—59　沾巾

图 3—60　分茶

（9）奉茶。操作程序：沾巾—奉茶，如图 3—61 所示。

（10）品饮，如图 3—62 所示。

图 3—61　奉茶

图 3—62　品饮

(11）净具。

2. 混饮红茶冲泡技艺（以玫瑰红茶为例）

(1）备具、备水。茶具一般包括：茶盘、玻璃壶、赏茶碟、玻璃茶杯、煮水器、茶道组、茶罐、水盂、茶巾，如图 3—63 所示。

图 3—63　备具

(2）温壶烫杯。操作程序：注水—烫壶—烫盅—烫杯，如图 3—64 至图 3—67 所示。

图 3—64　注水

图 3—65　烫壶

图 3—66　烫盅

图 3—67　烫杯

（3）投茶。操作程序：揭盖—投茶，如图 3—68、图 3—69 所示。

图 3—68　揭盖

图 3—69　投茶

（4）润茶温杯。操作程序：注水—出汤—温杯，如图 3—70 至图 3—72 所示。

图 3—70　注水

图 3—71　出汤

图 3—72　温杯

（5）再次注水。

（6）出汤。操作程序：沾巾—出汤，如图 3—73、图 3—74

所示。

图 3—73　沾巾

图 3—74　出汤

（7）分茶。操作程序：沾巾—分茶，如图 3—75、图 3—76 所示。

图 3—75　沾巾

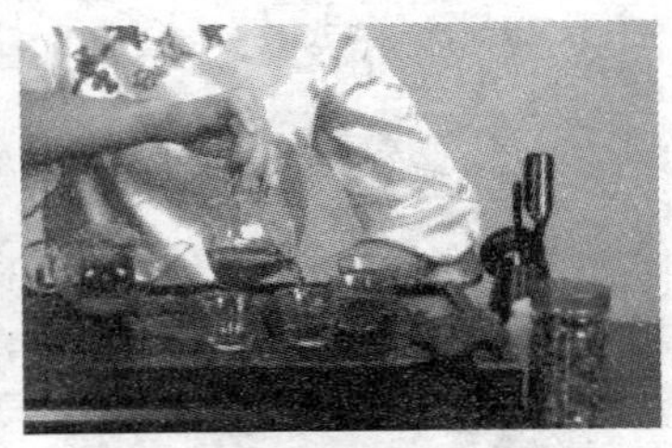

图 3—76　分茶

（8）奉茶。操作程序：烫洗茶夹—奉茶，如图 3—77、图 3—78 所示。

图 3—77　烫洗茶夹

图 3—78　奉茶

（9）品饮，如图 3—79 所示。

图 3—79 品饮

（10）净具。

3. 调饮红茶冲泡技艺

（1）冰红茶的冲泡技艺（瓷壶）

红茶也常用于冷饮。冲泡冰红茶的方法很多，最常用的是急速冷却冲泡法。这种方法是将加倍浓度的热红茶，直接用过滤网冲入装有 6～7 分满碎冰块的玻璃杯中，然后一面轻轻搅拌使之冷却，一面再加入冰块，最后加入适量糖浆即可饮用。这种泡法因为是把泡好的热红茶直接从茶壶中倒入杯中，而且是急速冷却，所以香气和滋味都不易逸散。

1）备具。茶具包括：茶盘、玻璃壶、赏茶碟、玻璃杯、冰块、糖、煮水器、茶道组、茶罐、水盂、茶巾。

2）备水。

3）温壶。

4）投茶。

5）润茶（注水快速出汤）。

6）再次注水。

7）加入配料。操作程序：把冰块、糖置入杯中，如图 3—80 所示。

8）出汤。操作程序：把准备好的红茶茶汤直接倒入装有冰块和糖的杯中，如图 3—81 所示。

9）奉茶。装饰柠檬片，并插入吸管，如图 3—82 所示。

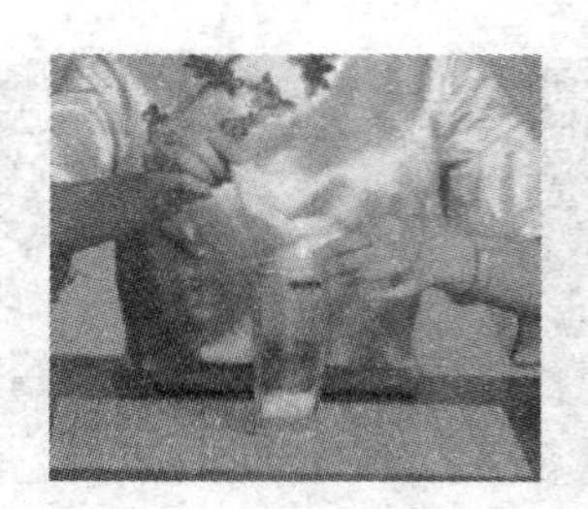

图 3—80　加入配料

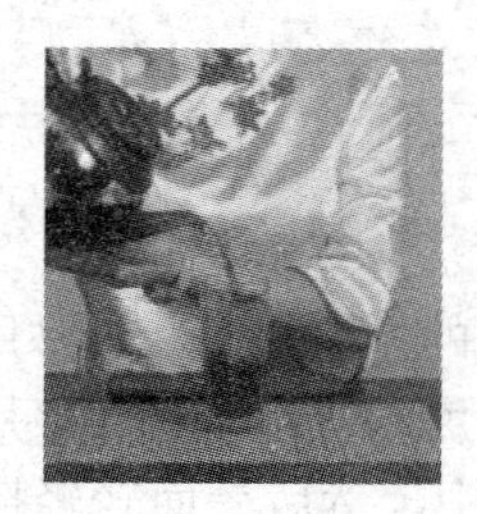

图 3—81　出汤

图 3—82　奉茶

10）品饮。

11）净具。

（2）牛奶红茶调饮法

在红茶中加入辅料，以佐汤味的饮法称之为调饮法。红茶适宜于清饮，更宜于调饮。调饮红茶可用的辅料极为丰富，调出的饮品多姿多彩，风味各异，深受现代各层次消费者的青睐。

1）备具。茶具包括：茶盘、玻璃壶、赏茶碟、玻璃杯、牛奶、糖、煮水器、茶道组、茶罐、水盂、茶巾。

2）备水。

3）温壶。

4）投茶。

5）润茶（注水快速出汤）。

6）再次注水。

7）加糖，如图 3—83 所示。

8）出汤，如图 3—84 所示。

图 3—83　加糖

图 3—84　出汤

9）加入牛奶。将牛奶倒入准备好的红茶杯中，如图 3—85 所示。

10）奉茶，如图 3—86 所示。

图 3—85　加入牛奶

图 3—86　奉茶

11）品饮。

12）净具。

模块四　白茶冲泡技艺

一、茶具选配

白茶冲泡方法与绿茶基本相同，但因其未经揉捻，且白毫披身，既不会破坏酶的活性，又不促进氧化作用，且保持毫香显现，汤味鲜爽。

茶具选用：精美透明玻璃杯、瓷器盖碗、瓷壶等。

二、水温、茶水比例

1. 冲泡细嫩名优白茶水温要求达到 80～85℃，一般白茶水温要求达到 85～95℃。

2. 茶水比例：1∶50 左右。根据不同器具容量、茶叶品种、人的饮茶习惯可灵活选用。

三、冲泡程序

1. 白毫银针冲泡技艺（玻璃杯）

（1）备具。茶具包括：茶盘、玻璃杯、赏茶碟、煮水器、茶道组、茶罐、水盂、茶巾，如图 3—87 所示。

图 3—87　备具

（2）备水。

（3）温杯（同玻璃杯烫杯方法一）。操作程序：注水—倒水，如图 3—88、图 3—89 所示。

图 3—88　注水

图 3—89　倒水

（4）凉水。操作程序：先准备好冷开水，再加入开水。

（5）投茶。操作程序：采取下投法先投茶后注水，如图 3—90 所示。

（6）注水。操作程序：采取凤凰三点头方式注水，如图 3—91 所示。

图 3—90　投茶

图 3—91　注水

（7）奉茶。操作程序：沾巾—奉茶，如图 3—92、图 3—93 所示。

图 3—92　沾巾

图 3—93　奉茶

（8）品饮，如图 3—94 所示。

图 3—94　品饮

注：白毫银针因其未经揉捻，茶汁不易浸出，冲泡时间宜较长，冲水后一般过 5～6 分钟茶芽才会慢慢沉底，约需 8 分钟左右饮用，才能尝到白茶的本色、真香、全味。还应注意续水要及时，与绿茶相同。

（9）净具。

2. 白牡丹冲泡技艺（壶泡法）

（1）备具，如图 3—95 所示。

图 3—95　备具

（2）备水。

（3）温壶烫杯。操作程序：温壶—摇壶—温盅—烫杯。方法与紫砂壶相同，如图 3—96 至图 3—99 所示。

图 3—96　温壶

图 3—97　摇壶

（4）投茶，如图 3—100 所示。

图 3—98　温盅

图 3—99　烫杯

（5）温润泡。操作程序：注水—温润，如图 3—101、图 3—102 所示。

图 3—100　投茶

图 3—101　注水

（6）再次注水。

（7）浸泡。

（8）出汤。操作程序：沾巾—出汤，如图 3—103、图 3—104 所示。

图 3—102　温润

图 3—103　沾巾

（9）分茶，如图 3—105 所示。

图 3—104　出汤

图 3—105　分茶

（10）奉茶，如图 3—106 所示。

（11）品饮，如图 3—107 所示。

图 3—106　奉茶

图 3—107　品饮

（12）净具。

模块五　黄茶冲泡技艺

一、茶具选配

黄茶与绿茶的茶性相似，所以在冲泡品饮时，可参照绿茶的方法。君山银针、蒙顶黄芽、霍山黄芽等均由单芽加工制成，最宜用玻璃杯泡饮。而广东大叶青、霍山黄大茶、皖西黄大茶等均由 1 芽 3～4 叶，甚至 1 芽 5 叶的粗大新梢加工而成，其茶形外观不雅，且冲泡时要求水温较高，保温时间较长，所以宜用瓷壶泡后，斟入茶杯再饮。

茶具选用：精美透明玻璃杯或瓷壶等。

二、水温、茶水比例

1. 在冲泡黄芽茶时，蒙顶黄芽、霍山黄芽可用75～85℃的开水冲泡。君山银针是最具观赏价值的名茶之一，为了能充分领略它在玻璃杯中的美妙茶相，在冲泡时要用95℃以上的开水，并且在冲入开水后要立即盖上一块玻璃片。

2. 茶水比例：1∶50左右。根据不同器具容量、茶叶品种、人的饮茶习惯可灵活选用。

三、冲泡程序（以君山银针为例，采用玻璃杯泡法）

（1）备具。茶具包括茶盘、玻璃杯、赏茶碟、煮水器、茶道组、茶罐、水盂、茶巾，如图3—108所示。

图3—108　备具

（2）备水。

（3）温杯（采用玻璃杯烫杯方法一）。操作程序：注水—倒水，如图3—109、图3—110所示。

图3—109　注水

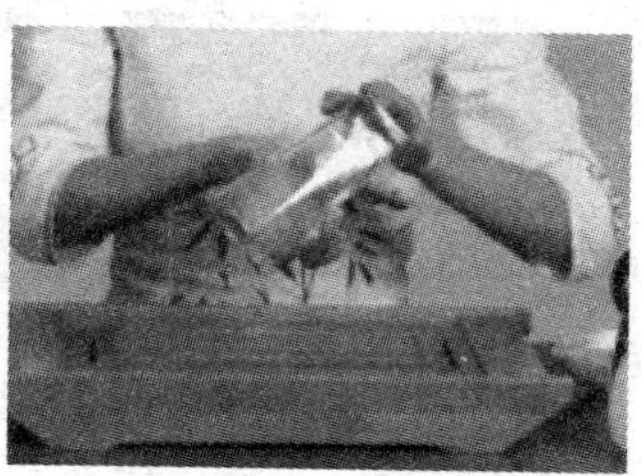

图3—110　倒水

（4）凉水。操作方法：可先准备冷开水，然后再加入开水，既快速又简便。

（5）投茶（采取中投法）。操作程序：注水—投茶—再次注水，如图3—111至图3—113所示。

图3—111　注水

图3—112　投茶

（6）奉茶。操作程序：沾巾—奉茶，如图3—114、图3—115所示。

图3—113　再次注水

图3—114　沾巾

（7）品饮，如图3—116所示。

图3—115　奉茶

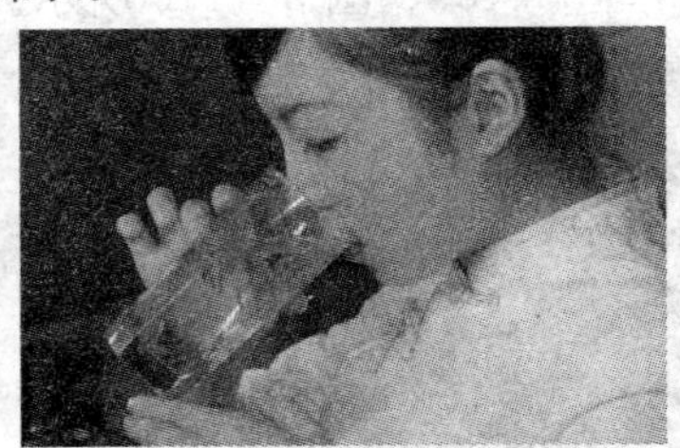

图3—116　品饮

注：注意续水要及时，要求与绿茶相同。

（8）净具。

模块六　黑茶冲泡技艺

一、茶具选配

黑茶类的原料一般都比较粗老，渥堆发酵后通常压制成各种质地紧实坚硬的块状，为了使黑茶中的营养物质充分溶解出来，一般采取煮饮法而不采用冲泡法。另外，由于黑茶多数是销到边疆少数民族地区，少数民族的同胞多喜欢调饮（混饮）而较少清饮。而普洱茶是最讲究冲泡（烹煮）技巧和品饮艺术的茶类。冲泡（烹煮）普洱过程中除了同样要注意展示茶的色、香、味、韵之外，还特别追求新鲜自然和陈香滋气。新鲜自然是指要选用在干仓条件下自然陈化的优质普洱，而不要选用泼水渥堆快速发酵方法生产的普洱“熟饼”。要鉴别是干仓陈年普洱还是湿仓速成普洱可以进行如下对比：干仓陈年普洱外型结实有光泽，香气陈香浓郁或陈香纯正，汤色栗黄明亮或栗红明亮，叶底活性柔软。而湿仓渥堆快速发酵的普洱外形暗淡松脆，香气混浊有霉味或土腥味，汤色呈暗栗色或发黑，叶底暗栗发黑。普洱茶若冲泡不得法，其香味会稍纵即逝，所以宜用滚沸的开水快速冲泡，快速出汤。

选配一：砖形黑茶选用茶壶、陶壶。

选配二：普洱茶选用紫砂壶最佳，瓷壶、盖碗次之。

二、水温、茶水比例

1. 黑茶类的原料一般都比较粗老，渥堆发酵后通常压制成各种质地紧实坚硬的块状，为了使黑茶中的营养物质充分溶解出来，必须用100℃沸水。

2. 茶水比例：1∶50左右。根据不同器具容量、人的饮茶习惯可灵活选用。

三、冲泡程序

1. 大宗黑茶的煮饮技艺（咸奶茶制作）

（1）备具。茶盘、茶壶、茶碗、赏茶碟、煮水器、茶道组、茶刀、茶罐、水盂、茶巾。

（2）配料。茯砖茶、鲜牛奶（或羊奶）、炒米盐。

（3）基本程序。煮咸奶茶一般要先将茯砖茶敲成小块，然后抓一把放到装有八分水的茶壶中，放在火上煮，煮沸4～5分钟后，把茶叶和茶汤倒出，然后把米放到锅内炒，炒至发黄为止，再把热好茶汤倒入炒米锅再煮沸4～5分钟，即可加入鲜奶或几个奶疙瘩和适量盐巴，再沸腾5分钟左右，一壶热乎乎、香喷喷的咸奶茶就算是煮好了。

咸奶茶——青砖茶或黑砖茶（煮茶器具铁锅）

↓打碎

盛水（2～3千克）

↓水沸腾

加入砖茶（50～80克）

↓再次沸腾5分钟

倒出茶叶和茶汤

↓

炒米（炒至发黄）

↓

加入茶汤

↓再次沸腾4～5分钟

加入牛奶（奶∶水为1∶5）

↓搅动

加入食盐

↓再次沸腾

奶茶出锅

茶、水、奶加入的次序不能颠倒，煮茶时间不宜过长，否则会失去茶香味。

特点：咸香宜人，美味可口。

2. 黑茶的煮泡技艺（陈年普洱茶）

（1）备具。茶盘、茶壶、茶碗、赏茶碟、煮水器、茶道组、茶罐、水盂、茶巾，如图 3—117 所示。

图 3—117　备具

（2）备水。

（3）温壶烫杯。操作程序：开盖—注水—温壶—烫杯，如图 3—118 至图 3—121 所示。

图 3—118　开盖

图 3—119　注水

（4）投茶，如图 3—122 所示。

（5）润茶。操作程序：注水—润茶，如图 3—123、图 3—124 所示。

（6）再次注水，如图 3—125 所示。

图 3—120　温壶

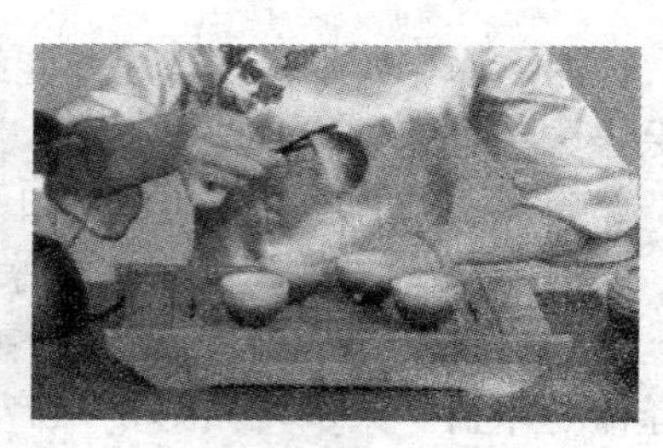

图 3—121　烫杯

图 3—122　投茶

图 3—123　注水

图 3—124　润茶

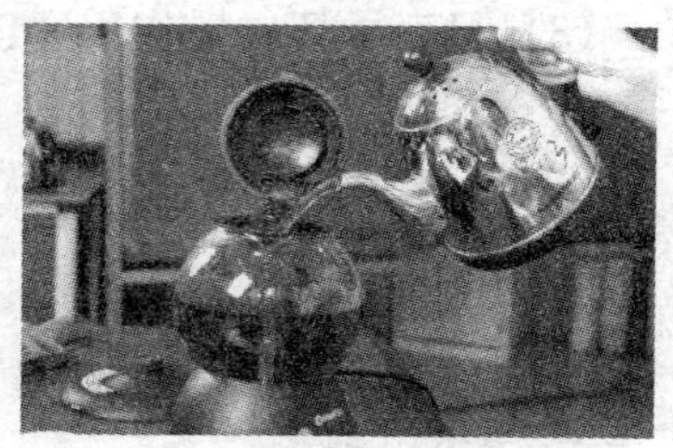

图 3—125　再次注水

（7）熬茶。操作程序：煮茶（按下开关）—煮沸（煮沸后自动停止），如图 3—126 所示。

（8）分茶，如图 3—127 所示。

（9）奉茶。操作程序：烫茶夹—沾巾—奉茶，如图 3—128 至图 3—130 所示。

（10）品饮，如图 3—131 所示。

图 3—126　煮茶

图 3—127　分茶

图 3—128　烫茶夹

图 3—129　沾巾

图 3—130　奉茶

图 3—131　品饮

（11）净具。

3. 普洱茶的冲泡技艺

（1）备具。茶具包括：茶盘、紫砂壶、品茗杯、杯托、赏茶碟、煮水器、茶道组、茶罐、水盂、茶巾，如图 3—132 所示。

（2）备水。

（3）温壶烫杯。操作程序：温壶—温茶盅—温茶杯，如图

图 3—132　备具

3—133 至图 3—135 所示。

图 3—133　温壶

图 3—134　温茶盅

★小提示

冲泡普洱茶要求水、器双高，才能发挥普洱茶的陈香吊韵，在开泡前要先用开水温壶烫杯，以提高器具的温度。

（4）投茶。操作程序：放置茶漏—茶荷—投茶，如图 3—136 所示。

（5）润茶。操作程序：注水—刮沫—出汤（温润泡两次），如图 3—137 至图 3—139 所示。

（6）再次注水。

（7）淋壶。操作程序：用茶盅温润泡的茶汤淋壶，既可提高壶温使内外温度一致，又可达到养壶的效果，如图 3—140 所示。

图 3—135　温茶杯

图 3—136　投茶

图 3—137　注水

图 3—138　刮沫

图 3—139　出汤

图 3—140　淋壶

（8）出汤。操作程序：沾巾—出汤。

（9）分茶。操作程序：沾巾—分茶汤，如图 3—141、图 3—142 所示。

（10）奉茶。操作程序：烫茶夹—沾巾—奉茶，如图 3—143 至图 3—145 所示。

图 3—141　沾巾

图 3—142　分茶汤

图 3—143　烫茶夹

图 3—144　沾巾

（11）品饮。普洱茶一般可以冲泡八至九道，第一道一般 1 分钟左右，往后每一道时间顺延 10 秒至 20 秒。如图 3—146 所示。

图 3—145　奉茶

图 3—146　品饮

（12）净具。

第四单元　花茶、花草茶及袋泡茶冲泡技艺

模块一　花茶冲泡技艺

一、茶具选配

现代花茶包括窨花花茶、工艺造型花茶（福安）和花草茶三类，它们的冲泡要领各有不同。花茶融茶之韵与花之香为一体，所以冲泡花茶的基本要领是使茶尽展其神韵，使花的香味不散失。要做到这一点首先要鉴赏花茶茶坯的品种及质地。用乌龙茶为茶坯窨制的花茶，宜采用乌龙茶的泡法。用红茶为茶坯窨制的花茶，主要是玫瑰红茶。玫瑰的花香甜蜜而浓郁，它与红茶的蜜糖香味或桂圆香味相配伍，两种香相互交融、相得益彰，闻之使人精神愉悦，饮之令人齿颊留芳，品饮玫瑰红茶实在是一种艺术享受，宜用精巧的“三才杯”（盖碗）来冲泡。一般的花茶多以烘青绿茶为茶坯，在冲泡时应根据茶坯的细嫩程序及条型来选择杯具及冲泡方法。根据不同茶坯原料，采取不同的水温、不同的器具。如桂花乌龙茶选用100℃沸水，可采用盖碗或紫砂壶。

选配一：用乌龙茶、普洱茶为茶坯窨制的花茶，选用青花瓷壶、茶杯、紫砂壶等。

选配二：用红茶、黄茶、绿茶、白茶为茶坯窨制的花茶，选用“三才杯”（青花瓷盖碗）、玻璃杯、瓷壶。

选配三：低档茶或茶末（北方叫高末）宜选用瓷壶、飘逸杯等。

二、水温、茶水比例

1. 根据不同茶坯原料，采取不同的水温

以乌龙茶、普洱茶为茶坯应选用100℃沸水冲泡；以高档红

茶、黄茶、绿茶、白茶为茶坯的宜用 80～90℃的水冲泡；中档红茶、黄茶、绿茶、白茶的茶坯可选用 95～100℃的开水冲泡；低档茶或茶末一般宜选用 100℃沸水冲泡。

2. 茶水比例

根据不同茶坯原料可按原来的比例（1∶50）、器具容量、饮茶习惯可灵活选用。

三、花茶冲泡程序（以高档绿茶茶坯为原料的茉莉花茶为例 1∶50）

（1）备具。茶具包括：茶盘、三才杯、赏茶碟、煮水器、茶道组、茶罐、水盂、茶巾，如图 4—1 所示。

图 4—1　备具

（2）备水

（3）烫杯。操作程序：揭盖—注水—温碗，如图 4—2 至图 4—4 所示。

图 4—2　揭盖

图 4—3　注水

图 4—4　温碗

揭盖：右手揭盖，将盖轻搭在杯托上（见图 4—2）。

注水：右手持壶用单手回转冲泡法向碗内注 1/3 的水即可（见图 4—3）。

温碗：右手拿盖碗，左手轻托盖碗底，做逆时针运动，使开水均匀烫到盖碗每一个部位（见图 4—4）。

（4）投茶。将茶叶依次拨入各个盖碗中，每杯约 3 g，如图 4—5 所示。

图 4—5　投茶

（5）润茶。注水至盖碗的 1/3 后，盖好杯盖后轻摇，使茶叶充分吸水，如图 4—6 所示。

（6）冲泡。冲泡时先往各盖碗内再次注水至八分满，如图 4—7、图 4—8 所示。

（7）奉茶。奉茶即双手端取三才杯置于客人面前，如图 4—8 所示。

图 4—6　润茶

图 4—7　八分满

（8）闻香，如图 4—9 所示。

图 4—8　奉茶

图 4—9　闻香

（9）品饮。先拨茶后品饮。从左到右往外拨后品茶，如图 4—10、图 4—11 所示。品饮花茶特别讲究“一看、二闻、三品味”，这也称为“目品、鼻品、口品”。

图 4—10　拨茶

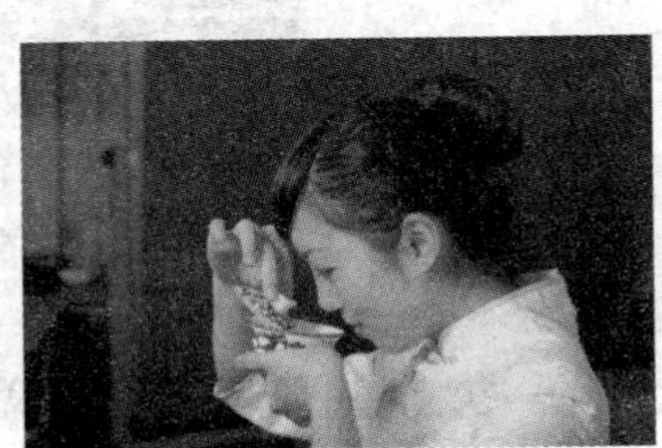

图 4—11　品茶

注：续水要及时。

（10）净具。

模块二　花草茶的冲泡技艺

一、茶具选配

花草茶可分为工艺造型花茶和养生花草茶。工艺造型花茶是将一些干花和茶叶进行人工捆绑后，经过造型，花中有茶、茶中有花，极具观赏性，清凉解渴，主要是以观赏为主要目的花草茶。另一种是以保健养生为目的的养生花草茶，是真正具有保健功能的花草，投入杯中直接饮用没有添加茶的原料。在品饮以上两种花草时都能领略杯中花的绽放，果的复苏，还可以自由地用花草进行造型装饰和色彩搭配，这无疑是一种日常生活中的艺术的创作，能为品茗增添不少乐趣。

选配一：工艺选型花茶选用玻璃杯。

选配二：养生花草茶选用玻璃杯、瓷壶或玻璃壶。

二、水温、茶水比例

1. 一般宜选用100℃沸水。

2. 茶水比例根据不同花的保健功能而选配，最好咨询药师进行搭配。

三、养生花草茶冲泡程序

1. 玉蝴蝶的冲泡程序

（1）备具。将玉蝴蝶、茶盘、玻璃杯、赏茶碟、煮水器、茶道组、茶罐、水盂、茶巾等准备好待用。

（2）备水。

（3）烫杯，如图4—12所示。

（4）投花，如图 4—13 所示。

图 4—12　烫杯

图 4—13　投花

（5）润花。注水至茶杯的 1/3 处，轻摇几下后迅速出汤，倒净，如图 4—14、图 4—15 所示。

图 4—14　注水

图 4—15　出汤

（6）冲泡。往杯中注水至七分满，浸泡 1～2 分钟后即可奉茶，如图 4—16 所示。

（7）奉茶，如图 4—17、图 4—18 所示。

图 4—16　浸泡

图 4—17　沾巾

（8）观赏。

（9）品饮，如图 4—19 所示。

图 4—18　奉茶

图 4—19　品饮

（10）净具。

2. 菊花茶、工艺造型花茶的冲泡程序

菊花茶和工艺造型花茶的冲泡方式与玉蝴蝶的冲泡方式一样，其效果图如图 4—20、图 4—21 所示。

图 4—20　菊花茶

图 4—21　工艺花茶

模块三　袋泡茶冲泡技艺

一、茶具选配

袋泡茶具有方便、快捷的特点，一般在餐饮店、酒店、接待客人较多时冲泡宜选用茶具为：瓷壶、玻璃壶、飘逸杯、玻璃杯等。

二、茶水比例、水温

袋泡茶冲泡选用100℃沸水，茶水比例1：（50～60）左右；冲泡时根据人数的多少、壶的容量投放茶包。

三、袋泡茶的冲泡程序

1. 玻璃壶冲泡

（1）备具。茶盘、泡茶壶、中型茶杯、茶道组、煮水器、茶巾、托盘。

（2）备水。

（3）温壶烫杯，如图4—22、图4—23所示。

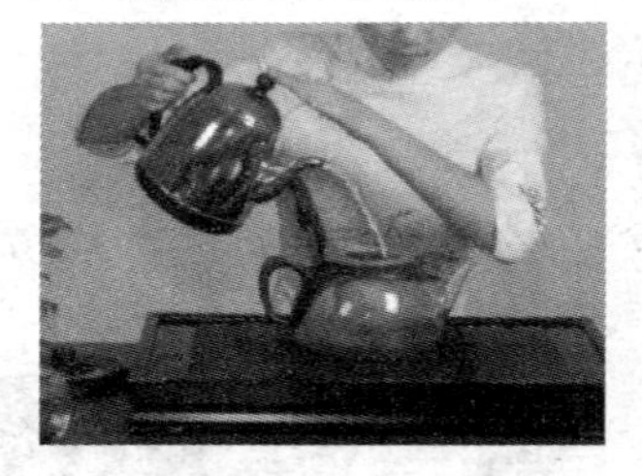

图4—22　注水

图4—23　温壶

（4）投茶。用茶夹直接夹住茶包投入壶里，如图4—24所示。

（5）温润泡，如图4—25至图4—27所示。

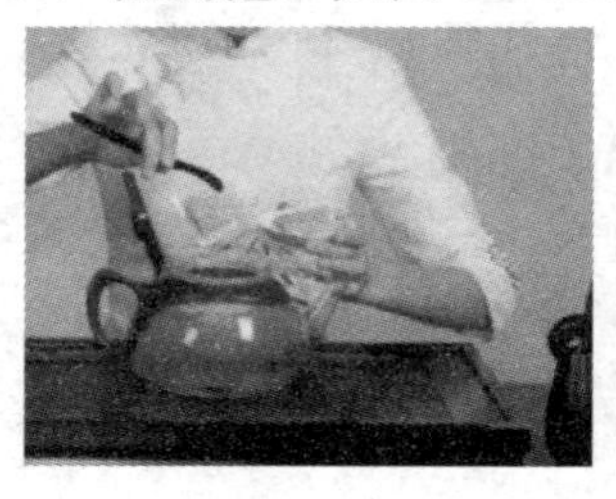

图4—24　投茶

图4—25　注水

（6）冲泡。再次注水后浸泡2分钟左右。一般只浸泡1～2次，多则淡而无味，如图4—28所示。

图 4—26　润茶

图 4—27　出水

（7）摇壶。将壶轻摇几下，使茶汤浓度均匀一致，方可出汤。

★小提示

若茶包为有提绳的袋泡茶，应将提绳置于壶口外，分茶前先上下提拉几下，左右拖动袋泡茶袋，使茶汤浓淡均匀，再往上提出袋泡茶袋，切勿用茶匙挤压茶袋。

（8）分茶。将茶汤分至中型茶杯中，如图 4—29 所示。

图 4—28　冲泡

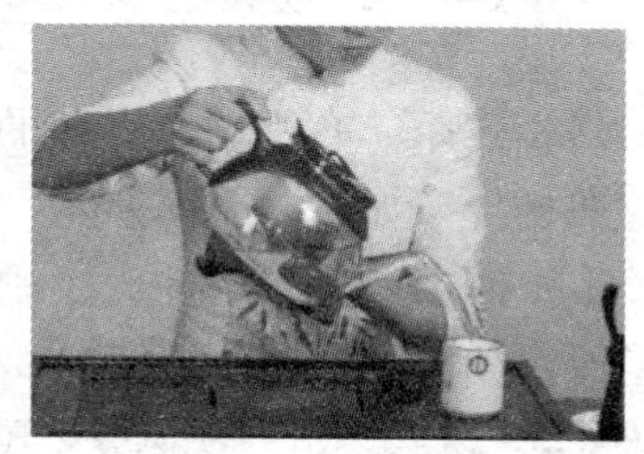

图 4—29　分茶

（9）奉茶。

（10）收具。

2. 玻璃杯冲泡

（1）备具。茶具包括：茶盘、玻璃杯、茶道组、煮水器、茶巾、托盘，如图 4—30 所示。

图 4—30　备具

（2）备水。

（3）烫杯。采用烫杯方法一，如图 4—31、图 4—32 所示。

图 4—31　烫杯

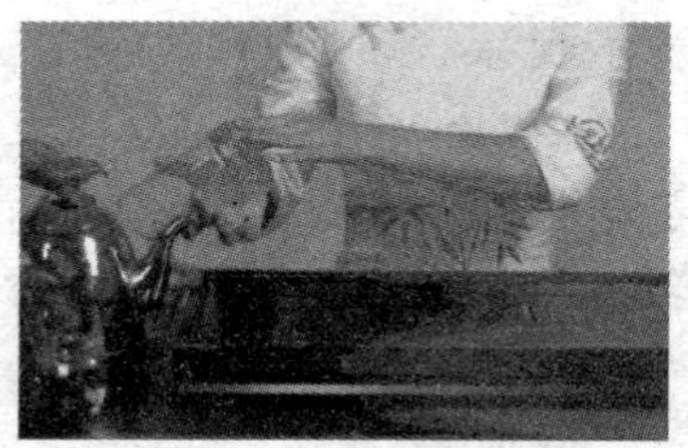

图 4—32　倒水

（4）投茶。右手拿起提绳的袋泡茶直接投入玻璃杯中，提绳应放在杯外，如图 4—33 所示。

（5）润茶。往杯中注入少量水，以没过茶包为宜。轻摇几下后倒掉，如图 4—34 所示。

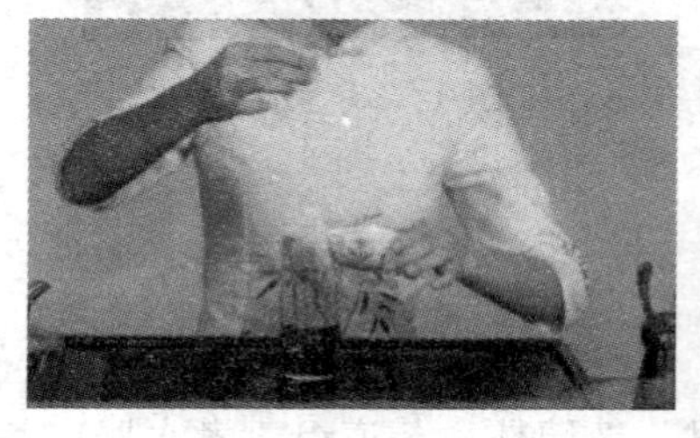

图 4—33　投茶

图 4—34　润茶

（6）提拉浸泡。先往杯中注入沸水至七分满；右手拿起袋泡茶的提绳做上下提拉动作，使茶汤浓淡均匀，如图 4—35 所示。

（7）奉茶，如图 4—36 所示。

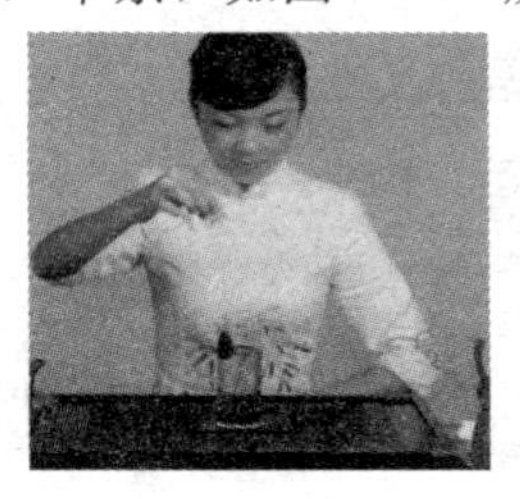

图 4—35　提拉浸泡

图 4—36　奉茶

（8）品饮，如图 4—37 所示。

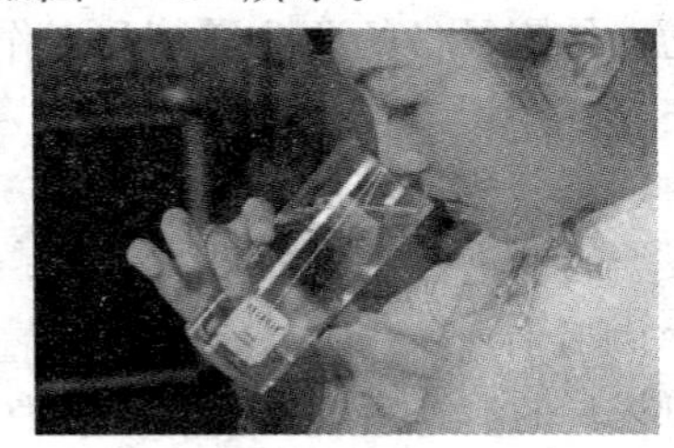

图 4—37　品饮

培训大纲建议

一、培训目标

通过培训，培训对象可以在茶企、茶店、茶馆等茶艺岗位从事茶艺工作。

1. 理论知识培训目标

（1）了解六大茶类及茶叶储存的基本知识。

（2）了解茶艺人员应具备的职业道德和工作职责。

（3）熟悉茶艺基础知识。

（4）掌握各种茶具名称及用途。

（5）掌握各茶类的冲泡方法及要点。

2. 操作技能培训目标

（1）掌握各种茶具的握拿手法、温杯、烫杯的基本手法。

（2）掌握茶艺师的服务接待礼仪。

（3）掌握六大茶类的茶具选配、投茶量、冲泡水温、冲泡时间。

（4）掌握六大茶类、再加工茶类、花草茶及袋泡茶的冲泡方法。

二、培训课时安排

总课时数：85 课时

理论知识课时：26 课时

操作技能课时：59 课时

具体培训课时分配见下表：

培训课时分配表

培训内容	理论知识课时	操作技能课时	总课时	培训建议
第一单元　茶叶基础知识	9	5	14	**重点**：学习六大茶类的划分及基本品质特征、主要名茶，不同民族的饮茶习俗，茶叶储藏的方法 **难点**：六大茶类的划分及品质特征 **建议**：学习的过程提供六大茶类的茶样让学员现场观察，若能开汤审评则效果更好
模块一　各大茶类简介	6	4	10	
模块二　茶叶品饮历史及不同地区的饮茶习俗	2	0	2	
模块三　茶叶鉴别与保存方法	1	1	2	
第二单元　茶艺基础知识	7	19	26	**重点**：熟识茶艺师的岗位职责，懂得基本的服务礼仪、泡茶环境、水质的选择、器具的使用 **难点**：不同器具的名称与握拿方法要求自然优美 **建议**：茶叶器具种具繁多，建议提供实物，进行现场讲解与示范
模块一　茶艺师岗位职责	2	0	2	
模块二　茶艺师服务礼仪	1	2	3	
模块三　品茗环境与用水选择	2	0	2	
模块四　常用器具的名称及使用方法	2	17	19	
第三单元　六大茶类冲泡技艺	7	28	35	**重点**：六大茶类冲泡程序，投茶量，水温，时间，茶具选配备 **难点**：乌龙茶盖碗、紫砂壶冲泡，适时倒出茶汤 **建议**：老师讲授与示范相结合。学员训练过程，老师指导
模块一　乌龙茶冲泡技艺	2	12	14	
模块二　绿茶冲泡技艺	1	3	4	
模块三　红茶冲泡技艺	1	5	6	
模块四　白茶冲泡技艺	1	2	3	
模块五　黄茶冲泡技艺	1	2	3	
模块六　黑茶冲泡技艺	1	4	5	

续表

培训内容	理论知识课时	操作技能课时	总课时	培训建议
第四单元　花茶、花草茶及袋泡茶冲泡技艺	3	7	10	**重点**：学会不同花草茶的冲泡技能及欣赏艺术 **难点**：花草茶的选配及保健功效 **建议**：提醒学员要根据客人的体质选择花草茶冲泡，不要盲目、过量
模块一　花茶冲泡技艺	1	4	5	
模块二　花草茶冲泡技艺	1	2	3	
模块三　袋泡茶冲泡技艺	1	1	2	
合计				